Carolin Lüdemann | Heiko Lüdemann

Fangfragen im Vorstellungsgespräch souverän meistern

Carolin Lüdemann | Heiko Lüdemann

Fangfragen im Vorstellungsgespräch souverän meistern

Unter Mitarbeit von Lydia Wismeth
und Jörn Tschirne

REDLINE WIRTSCHAFT

Bibliografische Information der Deutschen Nationalbibliothek
Die Deutsche Nationalbibliothek verzeichnet diese Publikation in der Deutschen Nationalbibliografie. Detaillierte bibliografische Daten sind im Internet über http://dnb.d-nb.de abrufbar.

ISBN 978-3-636-01578-5

1. Auflage 2008

www.redline-wirtschaft.de

Redaktion: Leonie Zimmermann, Landsberg am Lech
Lektorat: Jana Stahl, Heidelberg
Umschlaggestaltung: Vierthaler & Braun, München
Umschlagabbildung: LWA-Paul Chmielowiec/CORBIS, Düsseldorf
Satz: Jürgen Echter, Landsberg am Lech
Printed in Germany

Inhaltsverzeichnis

Anmerkung

Um das Arbeiten mit diesem Buch für Sie möglichst einfach und effizient zu gestalten, haben wir wichtige Textpassagen mit folgenden Icons gekennzeichnet:

Achtung, wichtig

To do – Aufgabe, Übung

STOP – Das sollten Sie auf jeden Fall vermeiden.

z.B. – Beispiel

Tipp – Tipp

Vorwort

Wissen Sie Fragen zu meinen Antworten?
Henry Kissinger

Liebe Leserin, lieber Leser,

wir wissen nicht, ob Henry Kissinger mit dieser Frage seine Chance auf einen begehrten Arbeitsplatz erspielt oder verspielt hätte. Mit hoher Wahrscheinlichkeit hätte er in einem Vorstellungsgespräch aber einen bleibenden Eindruck hinterlassen.
Herzlichen Glückwunsch, mit der Einladung zu einem Vorstellungsgespräch haben Sie eine große Hürde im Bewerbungsmarathon genommen und können stolz auf sich sein! Sie wurden aus einer Vielzahl von Kandidaten ausgewählt; Ihr potenzieller Arbeitgeber ist offensichtlich der Meinung, dass Sie ein interessanter Kandidat für die zu besetzende Position sind.
Jetzt wird es darauf ankommen, dass Sie Ihre persönliche und fachliche Eignung unter Beweis stellen. Mit einem souveränen Auftritt können Sie den positiven Eindruck aus den Bewerbungsunterlagen verstärken und sich optimal präsentieren. Denken Sie stets daran: Ihr Gesprächspartner möchte sich im Vorstellungsgespräch von Ihrer Persönlichkeit, Ihren Motiven und Ihren Kompetenzen überzeugen. Darüber hinaus interessiert ihn natürlich auch, ob Sie in sein Team passen. Und dafür hat er nicht mehr als zirka 90 Minuten Zeit.
Schlecht vorbereitete Kandidaten bleiben dabei schnell auf der Strecke: Eine knifflige Frage reicht schon aus, damit sich der Bewerber ins Abseits manövriert. Wer sich dagegen rechtzeitig auf den Ernstfall einstellt, erkennt Fallstricke schneller, argumentiert zielorientiert und hat überzeugende Antworten parat.

Dennoch ist ein Vorstellungsgespräch kein Zuckerschlecken. Nicht zuletzt deshalb, weil sich so mancher Personalverantwortliche besonders knifflige Fragen ausdenkt, um den Bewerber tüchtig ins Schwitzen oder zumindest in Verlegenheit zu bringen.

Jede Frage entwickelt sich unverhofft zur Fangfrage, wenn Sie sich als Bewerber mangels gründlicher Gesprächsvorbereitung auf unsicherem Terrain bewegen und auf grundlegende Fragen keine Antworten wissen. Mit Leichtigkeit eingefangen werden Sie ebenfalls, wenn Sie Angst haben müssen, dass der Personaler mit einer geschickten Frage einer Unwahrheit auf die Schliche kommen könnte. Zu guter Letzt gehen Sie Fangfragen auch dann ahnungslos auf den Leim, wenn Sie den echten Hintergrund einer (scheinbar) harmlosen Frage des Personalers nicht erkennen, nur eine oberflächliche Antwort geben und somit nicht die eigentliche Frage hinter der Frage beantworten können.

Mit einer guten Vorbereitung dagegen gibt es kaum Fangfragen, die Sie auf unliebsamem Terrain oder womöglich bei einer Unwahrheit ertappen könnten. Wer nicht gut vorbereitet ist, sendet auf Fangfragen falsche Signale und ist schneller nervös. Wer bestens präpariert ins Gespräch geht, kann länger sprechen, lässt sich keine Nervosität anmerken und gilt als selbstsicher. Wer selbstsicher ist, ist im Interview erfolgreicher – es werden ihm weitaus weniger „Fangfragen" gestellt, da kein Personaler den Eindruck hat, dem Bewerber auf die Schliche kommen zu müssen. Ganz im Gegenteil.

In diesem Sinne wünschen wir Ihnen viel Erfolg bei Ihrem Vorstellungsgespräch. Nach der Lektüre dieses Buches sicher ein Weg ohne Hürden und Fallstricke, der auf dem direkten Weg zum Ziel führt. Toi, toi, toi!

Carolin und Heiko Lüdemann

1 Exzellente Vorbereitung: Wie Sie Fangfragen nicht auf den Leim gehen

Das Schicksal begünstigt den vorbereiteten Geist.
Louis Pasteur

Die Frage, inwieweit es tatsächlich Schicksal ist, was uns im Leben so alles begegnet, beschäftigt seit Generationen die Philosophen. Ihrem Schicksal im Vorstellungsgespräch können Sie auf die Sprünge helfen – zum Beispiel durch eine gründliche Vorbereitung. Mit einer sorgfältigen Vorabrecherche heben Sie sich von anderen Bewerbern ab, sind besser auf Fragen des Personalers vorbereitet und gewinnen Klarheit darüber, wie Sie zum Unternehmen stehen. Und: Je besser Ihre Vorbereitung, umso weniger Fangfragen des Personalers werden Sie ereilen. Selbst „normale" Fragen werden nämlich plötzlich zu Fangfragen, wenn Sie nicht gut genug darauf vorbereitet sind. Fragt man Sie nach der Mitarbeitergröße eines Unternehmens und Sie müssen die Stirn in Falten legen und (zu) lange über die Antwort nachdenken, so hat man Sie gerade dabei erwischt, dass Sie …

1. … sich nicht ausreichend informiert beziehungsweise vorbereitet haben und
2. … sich nicht gerade brennend für das Unternehmen interessieren.

Sonst würden Sie die Antwort kennen! Somit ist aus einer einfachen, direkten und eigentlich leicht zu beantwortenden Frage plötzlich eine Fangfrage geworden. Unser Tipp lautet also: Bereiten Sie sich gründlich auf jedes Vorstellungsgespräch vor. Das gilt selbst dann, wenn der Job nicht gerade der Ihrer Träume ist. Nutzen Sie auch diese Gelegenheit, um für das wirklich wichtige Interview zu üben.

Wissen ist Macht

So viel ist also klar: Um das Vorstellungsgespräch erfolgreich zu durchlaufen, bedarf es einer Menge Vorbereitung. Sicher haben Sie sich schon beim Erstellen Ihrer Bewerbungsunterlagen intensiv mit dem Unternehmen auseinandergesetzt und können auf die damals erstellten Notizen zurückgreifen. Doch das Vorstellungsgespräch bedarf einer noch intensiveren Beschäftigung mit allem, was im Zusammenhang mit Ihrem Wunscharbeitgeber steht. In so manchem Karriereratgeber ist sogar nachzulesen, dass ein Bewerber „die Hälfte des Erfolgs bereits vor dem Gespräch bestimmt.“[1]
Zu einer guten Vorbereitung gehört unter anderem, dass Sie wie ein Weltmeister Informationen zum Unternehmen sammeln. Doch wo und wie findet man Informationen, die über das Standardwissen der Mitbewerber hinausgehen? Auch hier kommt es darauf an, sich von den anderen Kandidaten abzuheben. Manchmal machen kleine Dinge einen großen Unterschied aus – zum Beispiel bei der Entscheidung, welcher der Bewerber den Zuschlag für den neuen Job bekommt. Sehen wir uns also alle zur Verfügung stehenden Recherche-Möglichkeiten etwas genauer an:

Bequeme Recherche-Tools

Bequeme Recherche-Tools sind solche, die Sie auch an einem verregneten Tag vom Sofa aus zurate ziehen können. Das bedeutet nicht, dass diese bequemen Suchmöglichkeiten unwichtig sind. Da sie aber nahezu jedem zugänglich sind, steht zu erwarten, dass Ihre

---

1 Vgl. Monster-Karriere-Journal, *Jobinterview: Die Recherche macht's*, 5.11.2007.

Mitbewerber sich ebenfalls auf diesem Wege vorbereiten werden. Zu den allzeit zugänglichen und bequemen Tools, die den Wissensdurst stets zuverlässig stillen, gehören:

Firmen-Webseiten

Nahezu jede Firma unterhält heutzutage eine eigene Internetseite. Ob diese gut beziehungsweise ansprechend gestaltet ist oder nicht, spielt nicht die entscheidende Rolle. Hauptsache, die Webseite ist umfassend genug, um Ihnen den Zugang zu Informationen zu eröffnen. Halten Sie Ausschau nach den folgenden Eckdaten:

- ❑ Auf welche Firmengeschichte blickt das Unternehmen zurück?
- ❑ Was macht das Unternehmen? In welcher Branche ist es tätig? Welche Produkte oder Dienstleistungen werden angeboten?
- ❑ Wie lautet die Unternehmensphilosophie? Wie stellt das Unternehmen sich selbst dar?
- ❑ Wo hat das Unternehmen seinen Hauptsitz?
- ❑ Gibt es Niederlassungen im In- und Ausland?
- ❑ Welchen Umsatz beziehungsweise Gewinn macht das Unternehmen?
- ❑ Wer hat die Geschäftsführung inne? Ist das Unternehmen inhabergeführt? Wer sitzt im Vorstand?
- ❑ Wie erfolgreich hat sich das Unternehmen auf dem (inter-) nationalen Markt positioniert?
- ❑ Wie hat sich das Unternehmen in den vergangenen drei Jahren wirtschaftlich entwickelt?
- ❑ Wo steht der Aktienkurs?
- ❑ Welche Schritte sind für die Zukunft geplant?
- ❑ Wie viele Mitarbeiter beschäftigt das Unternehmen?
- ❑ Wer sind die Wettbewerber und warum?

Internet

Das World Wide Web ist eine interessante Informationsquelle, in die Sie sich unbedingt vertiefen sollten. Bei dieser Recherche jenseits der firmeneigenen Homepage geht es allerdings nicht darum, (vermeintliche) Skandale aufzudecken. Vielmehr sollen Sie sich selbst ein rundes und umfassendes Bild von dem Unternehmen machen können. Vergessen wir nicht, dass ein Vorstellungsgespräch keineswegs ein einseitiges Vorstellungsverhör ist. Je besser Sie informiert sind, umso leichter können Sie sich am Gespräch beteiligen, ohne in Sorge sein zu müssen, mit Ihrem nächsten Gesprächsbeitrag ein gefährliches Minenfeld zu betreten. Und wenn Sie sich in die Position des Personalers versetzen, wird schnell klar, dass Sie als gut informierter Bewerber mehr Pluspunkte sammeln können. Je besser Sie informiert sind, umso überzeugender werden Sie darstellen, dass Sie der Idealkandidat für die ausgeschriebene Stelle sind. Wenn Sie darüber hinaus im Gespräch immer wieder Ihr Wissen um die jüngsten Geschäftserfolge des Unternehmens einstreuen können, beweisen Sie überzeugend, auf dem neuesten Kenntnisstand zu sein …

Geben Sie den Namen des Unternehmens in eine der gängigen Suchmaschinen wie zum Beispiel Google ein und warten Sie ab, was passiert, wenn Sie auf Enter klicken. Vorsicht: Nicht immer sind die Informationen, die an erster Stelle von den Suchmaschinen ausgeworfen werden, die interessantesten. Die Rangliste der Treffer richtet sich danach, welche der Webseiten, die das gesuchte Unternehmen in irgendeiner Form gelistet haben, am besten vernetzt sind. Zum Beispiel durch viele Seitenaufrufe anderer User oder zahlreiche Links, die auf diese Seite und von ihr weg führen. Das bedeutet, dass Sie an erster Stelle der Trefferlisten nicht zwingend die neuesten Informationen finden. Es lohnt sich daher, insbesondere nach Zeitungsartikeln oder Pressemitteilungen Ausschau zu halten, um die Aktualität zu gewährleisten.

Interessant ist auch, nicht nur das Unternehmen selbst zu googeln, sondern auch Ihren Gesprächspartner. Setzen Sie dafür dessen Vor- und Zunamen in Anführungszeichen (zum Beispiel: „Jürgen Maier“), um zu gewährleisten, dass die Suchmaschine Ihnen nur Treffer zu „Jürgen Maier“ und nicht zu „Jürgen Hahn“ und „Stefan Maier“ auswirft. Handelt es sich um einen häufig vorkommenden Namen, so können Sie ihn in Kombination mit dem Unternehmen oder dem Ort googeln (zum Beispiel: „Jürgen Maier" + „Omega Getriebetechnik"), um Ihre Trefferwahrscheinlichkeit zu erhöhen. Auf diesem Wege lernen Sie Ihren Gesprächspartner schon vor dem Einstellungsinterview besser kennen: Womöglich wurde in einer Zeitung zitiert, worauf es seiner Meinung nach im Vorstellungsgespräch ankommt oder wie wichtig Schlüsselqualifikationen sind. Auch die Tatsache, dass Sie sich (im wahrsten Sinne des Wortes) ein Bild vom Gesprächspartner machen können, mindert die Nervosität am großen Tag. Ob Sie das Erfahrene in das Vorstellungsgespräch einfließen lassen, wird sich zeigen. Bestens darauf vorbereitet sind Sie jedenfalls.

Das Internet bietet eine weitere Informationsquelle, die Internas zum Besten gibt: Internet-Plattformen, auf denen die Unternehmen als Arbeitgeber bewertet werden. Suchen Sie auf entsprechenden Seiten nach Ihrem Wunschunternehmen und bringen Sie in Erfahrung, was derzeitige und frühere Mitarbeiter über das Arbeiten dort zu berichten haben.

Fazit

In einem Vorstellungsgespräch müssen Sie beweisen, dass Sie sich mit dem Unternehmen auseinandergesetzt haben. Um Ihr Wissen auf Vordermann zu bringen, nehmen Sie zum einen die Internetseite des Unternehmens genauer unter die Lupe. Zum anderen recherchieren Sie über Suchmaschinen zusätzliche Informationen zum Unternehmen und über Ihren Gesprächspartner.

Recherche-Tools, die nicht jeder kennt und nutzt

Nun kommen wir also zu den Informationsquellen, die nicht jeder Ihrer Mitbewerber nutzt – entweder weil ihm die Recherche-Tools nicht geläufig sind oder weil er nicht so viel Aufwand betreiben will. Wir möchten nicht leugnen, dass diese Wege der Vorabrecherche mehr zeitliches und persönliches Engagement erfordern.

Es ist jedoch ein Aufwand, der in einem gesunden Verhältnis zum Ertrag steht und daher eine gute Investition darstellt.

Kontakt zu (ehemaligen) Mitarbeitern suchen

Haben Sie einen Bekannten, der in dem Unternehmen arbeitet, in dem Sie bald vorstellig werden? Auch Gespräche mit Freunden, die in der gleichen Branche arbeiten, können interessant sein. Folgende Informationen sind dabei wissenswert:

- ❑ Welchen Ruf hat das Unternehmen?
- ❑ Kennen Freunde aus der gleichen Branche jemanden, der dort arbeitet?
- ❑ Wie laufen Vorstellungsgespräche in dem Unternehmen ab?
- ❑ Wer wird Ihnen im Vorstellungsgespräch gegenübersitzen?
- ❑ Wie wird sich die Branche allgemein entwickeln?
- ❑ Wie ist das Betriebsklima in dem Unternehmen?
- ❑ Welche Zahlungsmoral hat das Unternehmen?
- ❑ Wie steht es um die Personalfluktuation (insbesondere im eigenen Bereich)?
- ❑ Welche Unternehmenskultur wird gepflegt? Worauf ist man besonders stolz?
- ❑ Welches sind die Hauptprodukte oder Dienstleistungen des Unternehmens?
- ❑ Gibt es spezielle Zukunftsszenarien, die den Mitarbeitern bereits bekannt sind?
- ❑ In welchem Bereich des Unternehmens ist Ihr Gesprächspartner tätig?
- ❑ Würde Ihr Gesprächspartner diese Laufbahn wieder einschlagen, wenn er noch einmal von vorn anfangen könnte und die Wahl hätte?
- ❑ Welche Entwicklungsmöglichkeiten gibt es?
- ❑ Welchen idealen Hintergrund sollte ein Bewerber mitbringen, der sich auf „Ihre" Stelle bewirbt?
- ❑ Wie sieht die formelle Ausbildung eines Topkandidaten für die Stelle aus?

- ❑ Wie wichtig ist die Ausbildung im Vergleich zu den praktischen Fähigkeiten?
- ❑ Was hält Ihr Gesprächspartner von Ihrem Lebenslauf?

Tipp

Sie haben keine Bekannten, die in dem Unternehmen tätig sind oder in der gleichen Branche arbeiten? Dann suchen Sie den Kontakt über Online-Netzwerke. Auf diesem Weg können Sie passende Kontakte unverbindlich anschreiben. Betonen Sie, dass Sie großes Interesse an dem Unternehmen haben und sehr gern dort arbeiten würden. Überfallen Sie Ihren neuen Kontakt nicht gleich mit dem oben genannten Fragenkatalog. Bitten Sie um unterstützende Informationen des Insiders. Die Erfahrung zeigt, dass die so Angeschriebenen in den meisten Fällen die erbetene Unterstützung gewähren. Besonders aussichtsreich sind Kontakte, die Sie über die oben angesprochenen Arbeitgeber-Bewertungsplattformen ausfindig gemacht haben. Hat ein früherer oder derzeitiger Mitarbeiter schon einmal online Auskunft über seinen Arbeitgeber gegeben, so ist die Wahrscheinlichkeit hoch, dass er Ihnen mit weiteren Informationen behilflich sein wird. Achten Sie darauf, eine ausgewogene Information zu bekommen: Auskünfte, die durchweg alles in einem schlechten Licht darstellen, sind nicht unbedingt hilfreich. Es liegt dann die Vermutung nahe, dass ein früherer Mitarbeiter dem Unternehmen nachträglich „eins auswischen" möchte.

Sogar Gespräche mit Kunden des Unternehmens können wissenswerte Informationen hervorbringen:

- ❑ Wie zufrieden ist der Kunde mit dem Unternehmen?
- ❑ Wo liegen aus Sicht des Kunden die Stärken und Schwächen der Firma?
- ❑ Wer ist die Konkurrenz, zu welcher der Kunde eventuell wechseln würde?

Wenn Sie keinen Kunden des Unternehmens zu Ihrem Bekanntenkreis zählen, so können Sie auch online recherchieren: Gibt es Foren, in denen sich Kunden über ihre Erfahrungen austauschen? Haben sich vorherrschende Meinungen gebildet?

Recherche vor Ort

Steht Ihnen ein Vorstellungsgespräch in einem Unternehmen bevor, das in der Konsumgüterbranche tätig ist, so dehnen Sie Ihre Nachforschungen auf die entsprechenden Verkaufsstellen aus:

- ❑ Besuchen Sie die unterschiedlichsten Verkaufsstellen und Ladenketten, in denen das Produkt Ihrer Wunschfirma angeboten wird.
- ❑ Fragen Sie die Verkäufer vor Ort nach ihren Empfehlungen.
- ❑ Achten Sie darauf, wie das Produkt präsentiert wird.
- ❑ Wodurch hebt sich das Produkt von dem der Konkurrenz ab?

Auch Online-Shops können Auskunft geben: Achten Sie beispielsweise auf die Produktbewertungen der Online-Community oder auf den Verkaufsrang des entsprechenden Artikels. Sollten Sie hierbei die Erfahrung machen, dass das Produkt Ihres Wunscharbeitgebers nicht gerade der Weisheit letzter Schluss ist und der Konkurrenz meilenweit hinterherhinkt, so unterstützt Sie das bei Ihrer eigenen Meinungsfindung. Mit der entsprechenden Sensibilität und passendem Einfühlungsvermögen können Sie Ihre Erfahrungen auch in das Vorstellungsgespräch einfließen lassen. Jeder Arbeitgeber weiß es zu schätzen, wenn sich der Bewerber mit der Produkt- oder Dienstleistungspalette des Unternehmens vertraut gemacht hat. Sie signalisieren dadurch Interesse und Engagement.

Fazit

Um sich besser als Ihre Mitbewerber über das Unternehmen zu informieren, suchen Sie Kontakt zu (ehemaligen) Mitarbeitern der Firma, zum Beispiel über Online-Netzwerke oder den eigenen Bekanntenkreis. Fragen Sie auch Kunden, was diese über das Unternehmen oder die Produkte zu erzählen haben. Scheuen Sie nicht den Weg in die entsprechenden Verkaufsstellen, um die Artikel persönlich in Augenschein zu nehmen, sofern Sie sich in der Konsumgüterbranche vorstellen.

Headhunter unter die Lupe nehmen

„Headhunter finden Leute für Jobs, nicht Jobs für Leute“, so der Autor Andrew Finlayson in seinem Buch *Gute Frage*. Wurden Sie von einem Headhunter angesprochen und auf das Stellenangebot aufmerksam gemacht, so ist er der ideale Ansprechpartner für weitere Informationen zum Unternehmen. Stellen Sie hierbei jedoch keine Fragen, die Ihre Kompetenz in Zweifel ziehen (zum Beispiel: „Was halten Sie von meinem Lebenslauf?“). Achten Sie auf zielgerichtete Fragen, die Sie als kompetenten Gesprächspartner darstellen. Auch unter Personalvermittlern gibt es schwarze Schafe. Erlaubt sind daher außerdem Fragen, die das Verhältnis des Headhunters zum Unternehmen klären.

- ❑ In welcher Beziehung stehen Sie (der Headhunter) zum Unternehmen?
- ❑ Für welche Unternehmen haben Sie bisher gearbeitet?
- ❑ Wie sehen die nächsten Schritte aus? Auswahlprozess – Vorstellungsgespräch?
- ❑ Wie sieht die Stellenbeschreibung aus? Welche Verantwortung und welche Erwartungen gehen damit einher?
- ❑ Ist die Position neu geschaffen worden?
- ❑ Seit wann ist die Position vakant? Inwiefern hat sich der Vorgänger anderweitig orientiert?
- ❑ Wie sieht die Unternehmensstruktur aus?
- ❑ Wächst das Unternehmen?
- ❑ Wo würde ich arbeiten?
- ❑ Wem bin ich unterstellt?

Zusammenfassung

Eine gute Recherche trägt entscheidend dazu bei, dass Sie das Vorstellungsgespräch erfolgreich durchlaufen. Lesen Sie die Selbstdarstellung des Wunscharbeitgebers auf der unternehmenseigenen Internet-Webseite oder in Broschüren nach. Bringen Sie in Erfahrung, was Suchmaschinen über den Betrieb auswerfen. Forschen

Sie auf Arbeitgeber-Bewertungsplattformen nach den Stimmen der Angestellten. Suchen Sie über Ihren Bekanntenkreis oder über Online-Netzwerke den Kontakt zu (ehemaligen) Mitarbeitern. Setzen Sie sich mit den Produkten des Unternehmens auseinander, indem Sie beispielsweise einer Supermarktkette einen Besuch abstatten. Behalten Sie dabei im Fokus, in welchem Bereich Sie für das Unternehmen arbeiten möchten. Handelt es sich um den Vertrieb oder die Marketingabteilung, so hat die Außendarstellung des Unternehmens besondere Bedeutung.

Die eigenen Stärken kennen

Bewerben ist Werben. Ein Personalverantwortlicher lädt Sie nur dann zum Gespräch ein, wenn interessante Gemeinsamkeiten zwischen Ihrem persönlichen Bewerbungsprofil und den Anforderungen aus der Stellenbeschreibung bestehen. Sie müssen sich sowohl in der Bewerbung als auch im Vorstellungsgespräch als passgenauer Kandidat präsentieren, der perfekt auf die freie Stelle passt. Dazu sollten Sie zum einen wissen, welche Bedürfnisse das Unternehmen hat. Das erfahren Sie aus einer genauen Analyse der Stellenanzeige. Zum anderen ist es von Vorteil, wenn Sie sich Ihrer eigenen Stärken und Schwächen bewusst sind. Nur so können Sie im Vorstellungsgespräch die Werbetrommel in eigener Sache rühren.

Daraus lässt sich auch schließen, dass Sie keineswegs als verzweifelter Bittsteller im Bewerbungsinterview auftreten. Wer sich seiner Stärken bewusst ist, kann selbstbewusster auftreten und muss sich weitaus weniger Fangfragen zu seiner fachlichen und sozialen Kompetenz gefallen lassen. Wer dagegen wie ein Häufchen Elend dem Personaler gegenübersitzt, der muss damit rechnen, dass ihm genauer auf den Zahn gefühlt wird. Das hat keineswegs etwas damit zu tun, dass ein Personaler sadistisch veranlagt ist und den unsicheren Kandidaten mit Vergnügen piesackt. Wer den besten Kandidaten für die freie Stelle sucht, der möchte sich bei Zweifeln

am Bewerber vom Gegenteil überzeugen. Je mehr Zweifel, umso mehr bohrende Fangfragen werden dem Kandidaten gestellt.
Sie sind der Marketingchef, der sein Produkt bewirbt. Ihr Produkt ist Ihre Arbeitsleistung, die Sie dem Unternehmen anbieten. Dafür betreiben Sie vorab Marktforschung über die Bedürfnisse und Erwartungen des Unternehmens sowie über sich selbst. Warum soll der Arbeitgeber sich für Sie entscheiden? Was können Sie bieten, was andere nicht haben? Wie können Sie die Entscheidung zu Ihren Gunsten beeinflussen? Wie erreichen Sie, dass man Ihnen keine Fangfragen stellen muss?

Informationen aus der Stellenanzeige

Eine Stellenanzeige besteht aus drei Teilen: Im ersten Teil wird das Unternehmen beziehungsweise dessen Aufgabengebiet beschrieben. Im zweiten Teil folgt das konkrete Stellenprofil inklusive Arbeitsaufgaben und Positionierung im Unternehmen. Im dritten Teil werden der zuständige Ansprechpartner, die Anschrift und die Telefonnummer genannt.
Es ist wichtig, dass Sie eine Stellenanzeige so genau wie möglich analysieren. Die gewonnenen Informationen stellen für Sie einen wichtigen Anknüpfungspunkt in vielen Bereichen dar: Auf die genannten individuellen Anforderungen sind Sie in Ihrer schriftlichen Bewerbung eingegangen und müssen das nun auch im Vorstellungsgespräch tun.
Schon aus dem ersten Teil einer Annonce, der Unternehmensbeschreibung, können Anforderungen an den Idealbewerber abgeleitet werden, der zum Beispiel

- vorausschauend und fachübergreifend denkt (weil in der Anzeige die Absicht der Firma formuliert wurde, in Zukunft „Weltmarktführer“ zu werden),
- entscheidungsfreudig ist (weil „Entscheidungen mit nachhaltigen und weitgehenden Konsequenzen zu treffen sind“),
- „Teamführung und -motivation“ beherrscht,

- flexibel ist (im Hinblick auf die „internationale Unternehmenstätigkeit“ sind beispielsweise Umzüge möglich),
- Fremdsprachenkenntnisse hat (das Unternehmen ist „weltweit“ tätig und hat amerikanische Wurzeln).

Im zweiten Teil der Stellenanzeige, der Beschreibung des Stellenprofils, werden zum Beispiel die folgenden Anforderungen deutlich: Der ideale Kandidat soll

- kontaktfähig und -freudig sein, um „aktiv mit den Bereichen Logistik und Einkauf“ zusammenzuarbeiten,
- über Organisationsgeschick verfügen, da „Maßnahmen zur Erhöhung von Qualitätsstandards umzusetzen sind“,
- kommunikations- und teamfähig sein, um „in interdisziplinäre Projektteams“ eingebunden werden zu können,
- über Stressresistenz verfügen, da die oben angesprochenen Anforderungen vielfältig sind,
- Konfliktlösungsvermögen haben, da die oben angesprochenen Anforderungen „interdisziplinär“ zu meistern sind,
- fachübergreifend arbeiten können, was das Verständnis für die Abläufe in den unterschiedlichen Abteilungen voraussetzt,
- kunden- und zielorientiert agieren, um die jeweiligen Interessen in Einklang zu bringen, da der Bewerber „sowohl mit den Bereichen Logistik und Einkauf als auch mit den Lieferanten an der Umsetzung von Qualitätsstandards“ arbeiten wird.

Der dritte Teil der Stellenanzeige gibt Aufschluss über das gewünschte Qualifikationsprofil des Bewerbers und fasst die Anforderungen zusammen. Genannt werden darin meist Informationen zur fachlichen Ausbildung wie auch zu den Schlüsselqualifikationen. Das Repertoire an Schlüsselqualifikationen reicht von kognitiven Fähigkeiten über praktische Fertigkeiten bis hin zu Persönlichkeitsmerkmalen. Gelegentlich werden sogar EDV-Kenntnisse oder betriebswirtschaftliche Kenntnisse dazugezählt, denn diese gelten als Grundlage für das Aneignen von neuem Wissen.

Sozialwissenschaftler beispielsweise zählen gern andere Merkmale zu den Schlüsselqualifikationen als Personalverantwortliche, die eben nicht aus dem sozialwissenschaftlichen Umfeld stammen. Neben ethischer Urteilsfähigkeit und Kritikvermögen gehören in den Augen der Sozialwissenschaftler eine gute Allgemeinbildung und Demokratieverständnis zu der sogenannten subjektiven Seite der Schlüsselqualifikationen. Aus der Sicht von Personalverantwortlichen in Unternehmen handelt es sich vielmehr um Disziplin, Fleiß, Leistungs- und Lernbereitschaft, Eigeninitiative und die Fähigkeit zur Zusammenarbeit.

Ihre Stärken

Überlegen Sie sich nun, wo Ihre persönlichen Stärken liegen, die Sie im Vorstellungsgespräch in die Waagschale werfen können. Bedenken Sie, dass im Wesentlichen die Stärken relevant sind, die im Einklang zur Stellenausschreibung stehen. Stellen Sie sich vor, Sie wären Marketingchef für die Markteinführung eines neuen Familienautos. Wie würden Sie diesen Pkw bewerben? Sie würden dem Kunden in vielen farbenfrohen Bildern zeigen, wie man damit fährt und wie wohl er und seine Familie sich darin fühlen könnten. Oder anders formuliert: Wenn Sie besonders gut rechnen können, in der Annonce aber schriftliches Ausdrucksvermögen gefordert ist, so hat Ihr mathematisches Geschick nur untergeordnete Bedeutung. Stattdessen müssen Sie sich fragen, wodurch Sie Ihr schriftliches Ausdrucksvermögen unter Beweis stellen können beziehungsweise das in der Vergangenheit bereits getan haben. Im Folgenden finden Sie einige Ideen beziehungsweise Beispiele für Ihre Stärken:

- ❑ Teamfähigkeit
- ❑ Strategisches Denken und Arbeiten
- ❑ Kommunikationsfähigkeit
- ❑ Organisationsgeschick
- ❑ Flexibilität
- ❑ Selbstständiges Arbeiten

- ❑ Selbstmotivation
- ❑ Engagement

Na, haben Sie gedanklich hinter alle Kompetenzen einen Haken gesetzt? Sind Sie sicher, dass da nicht vielleicht nur der Wunsch Vater des Gedanken war? Es ist nämlich nicht damit getan, vehement zu beteuern, man arbeite beispielsweise sehr gerne teamorientiert. Teamfähigkeit und -orientierung müssen immer durch entsprechende Tätigkeiten oder Erlebnisse in der Vergangenheit untermauert werden. Sonst machen Sie sich im Vorstellungsgespräch zum leichten Opfer und können entsprechenden Rückfragen nicht standhalten. Stärken sprechen also nicht für sich selbst, denn sie sind zunächst nicht mehr als unbewiesene Behauptungen. Es reicht nicht aus, einfach einige gut klingende Eigenschaften aneinanderzureihen und darauf zu hoffen, dass Ihr Gesprächspartner die Arbeit für Sie übernimmt.

z.B.

Personaler: „Nennen Sie mir bitte einige Ihrer Stärken!"

Bewerber: „Ich bin belastbar, flexibel und teamorientiert."

Kommentar: Die Antwort des Bewerbers, er sei belastbar, flexibel und teamorientiert, ist unzureichend und nützt dem Personaler erst einmal nichts. Er wird nachfragen müssen, wie sich diese Eigenschaften im Tagesgeschäft auswirken. Der Bewerber muss nun hoffen, dass der Personaler ihm eine weitere Chance für eine optimale Selbstpräsentation bietet. Der Bewerber fleht innerlich: „Bitte frag mich, was du wissen musst!" Geschieht dies nicht, hat der Bewerber Pech gehabt.

Die bessere Antwort lautet daher:

Bewerber: „Hm, das ist eine gute Frage. Auf den Punkt gebracht würde ich sagen, dass ich belastbar, flexibel und teamorientiert bin. Sie werden sich nun fragen, wie sich diese Eigenschaften im Tagesgeschäft auswirken. Gut, ich möchte Ihnen das an einem Beispiel verdeutlichen ..."

Ein konkretes Bild von den eigenen Stärken ist für die zukünftige Tätigkeit also von entscheidender Bedeutung. Um den eigenen Begabungen oder Talenten auf die Spur zu kommen, können verschiedene Bereiche analysiert werden, so zum Beispiel die beruflichen Stationen oder auch persönliche Fähigkeiten:

Persönlichkeitsmerkmale und Schlüsselkompetenzen

Nicht nur Erfahrungswissen gehört zu den Ressourcen, die ein Mensch hat. Eine wichtige Rolle für das berufliche Vorankommen spielen die persönlichen und sozialen Fähigkeiten, die ein Mensch im Laufe der Zeit entwickelt. Dazu gehören:

- *Persönlichkeitsmerkmale/Selbstkompetenz*: Disziplin, Fleiß, Leistungs- und Lernbereitschaft, Eigeninitiative, Urteilsfähigkeit, Kritikvermögen, Zuverlässigkeit, geistige Offenheit, Mobilität, Eigeninitiative, Verantwortungsbereitschaft, Kreativität, selbstständiges Arbeiten
- *Kommunikative Kompetenzen*: Präsentationstechniken, Diskussionsfähigkeit, gute schriftliche und mündliche Ausdrucksfähigkeit
- *Soziale Kompetenzen*: Teamfähigkeit, Durchsetzungsvermögen, Einfühlungsvermögen, kundenorientiertes Verhalten, Führungsqualitäten, Konfliktfähigkeit
- *Kognitive Kompetenzen (methodische Kompetenzen)*: Konzeptionelles Denken, Problemlösungsfähigkeit, logisches und abstraktes Denken, Denken in Zusammenhängen

Berufliche Entwicklung

Auch spielen Erfahrungen aufgrund der beruflichen Entwicklung eine maßgebliche Rolle. Die folgenden Stationen können Aufschluss geben:

- *Studium und Ausbildung*
  - Welcher Bereich aus Ihrem Studienfach/Ihrer Ausbildung reizte Sie ganz besonders?
  - Was genau interessierte Sie daran?
  - Welche Kriterien haben Sie bei der Entscheidung für eine Studienrichtung/eine Ausbildung beeinflusst?
  - Welche Verbindung besteht zwischen der Berufswahl und den Ausbildungs-/Studienfächern?
  - Welche Fertigkeiten haben Sie neu gelernt, welche vertieft und erweitert? Welche Aufgaben haben Ihnen Schwierigkeiten bereitet, welche haben richtig Spaß gemacht?
  - Wie sind Sie mit schwierigen Themen umgegangen?
  - Welche Konsequenzen haben Sie daraus für sich gezogen?
  - Welche Begleitumstände des Studiums/der Ausbildung gefielen Ihnen und welche nicht?
  - Was lernten Sie im Studium/in der Ausbildung und was nebenbei?
  - Welche Erfahrungen zeigten Ihnen, dass Sie bestimmte Dinge besonders gut können und andere nicht?
- *Berufstätigkeit*
  - Welche Tätigkeiten üben Sie in Ihrem Beruf aus?
  - Wie beschreiben Sie Ihre Aufgaben und was lernen Sie daraus?
  - Welche verwertbaren Erfahrungen haben Sie gesammelt?
  - Welche Fähigkeiten konnten Sie ausbauen und welche haben Sie dazugelernt?
  - Können Sie theoretisches Wissen in der praktischen Tätigkeit umsetzen?
  - Wie sind die Rückmeldungen Ihrer Kollegen und Vorgesetzten?
  - Wie qualifiziert ist das Feedback zu Ihrer Leistung?
  - Welche Tätigkeit üben Sie am liebsten aus?

Persönliche Entwicklung

Auch das Nachdenken über die persönliche Entwicklung zeigt, was als prägendes Erlebnis empfunden und erlebt wird:

- ❑ *Soziale und ehrenamtliche Tätigkeiten*: Soziales Engagement hat viele Gesichter. Man kann sich ehrenamtlich in Verbänden, Vereinen, karitativen und sozialen Organisationen einbringen.
  - Was motiviert Sie zu Ihrem Engagement?
  - Welche Ihrer persönlichen Wertvorstellungen finden Sie darin wieder?
  - Auf welche Rückmeldungen, die Sie für Ihren Einsatz erhalten, möchten Sie auf keinen Fall verzichten?
- ❑ *Besondere Kenntnisse*
  - Welche Sprachen beherrschen Sie?
  - Gibt es neben den Sprachen Englisch und Französisch noch Grundkenntnisse in einer weiteren Sprache?
  - EDV-Kenntnisse gehören ebenfalls in diese Sparte.
- ❑ *Freizeitgestaltung*
  - Mit welchen typischen Aktivitäten gestalten Sie Ihre Freizeit?
  - Was gefällt Ihnen daran?
  - Was motiviert Sie dazu?
- ❑ *Woran haben Sie Freude?*
  - Bei welchen Aktivitäten vergessen Sie, wie schnell die Zeit vergeht, und sind in einem Flow-Zustand?
  - Welche Beschäftigungen führen dazu, dass Sie sich entspannen, gute Laune haben und fröhlich sind?
  - Worin liegt Ihr Beitrag, um dieses gute Gefühl auszulösen?
  - Was tut Ihr Umfeld, damit das Gefühl ausgelöst wird?
  - Wie sehen die äußeren Rahmenbedingungen und Umstände dabei aus?

Ihre Schwächen

Ihre Stärken haben meist auch ein unangenehmes Gegengewicht namens „Ihre Schwächen“. Wenn Sie zum Beispiel als eine Ihrer Stärken angeben, dass Sie über Führungsqualitäten verfügen, so könnte es sein, dass Sie andere gern herumkommandieren. Nennen Sie als eine Ihrer Schwächen, dass Sie ein Perfektionist sind, so könnte man positiv sagen, dass Sie stets nach guter Leistung streben.

Die einfache Frage „Welches sind Ihre Stärken und welches Ihre Schwächen?“ wird als verpönte Standardfrage in den meisten Bewerbungsgesprächen nicht mehr gestellt. Diagnostisch gesehen ist diese Frage nämlich absoluter Nonsens: „Tatsächlich kann sich ein Bewerber, eben wenn solche Standardfragen gestellt werden, auf ein Bewerbungsgespräch mit entsprechenden Antworten präparieren. Die Folge ist, dass man über den Bewerber im Interview nur wenig erfährt – eine denkbar schlechte Ausgangsbasis für eine treffende Einschätzung.“[2]
In diesem Zusammenhang ist vor allem die Antwort der Bewerber „Meine Schwäche ist, dass ich ungeduldig bin“ sehr beliebt. Denn mit der Ungeduld geht natürlich auch die positive Eigenschaft, Dinge zügig zum Abschluss zu bringen, einher. Auch wenn Sie mit dieser Antwort heute nicht mehr erfolgreich sind, weil sie ein alter Hut ist, ist der darin enthaltene Ansatz durchaus richtig. Jede Ihrer Schwächen beinhaltet im Ansatz auch eine Stärke. Setzen Sie sich also mit Ihren weniger guten Seiten auseinander und überlegen Sie, wie Sie diese in eine Stärke verwandeln können.

z.B.

Personaler: „Wenn ich Ihren Lebenspartner nach Ihren Schwächen fragen würde, was würde er mir antworten?"

Bewerber: „Hmm, das ist eine gute Frage."

Kommentar: Werten Sie die Frage auf, indem Sie zeigen, dass Sie einen Augenblick über die Frage nachdenken müssen. Vermitteln Sie nie den Eindruck, dass Sie auf alles vorbereitet sind und die Antworten auswendig gelernt haben!

Hintergrund: Nehmen wir einmal an, Ihre Schwäche ist, dass Sie sehr direkt sein können und andere Menschen damit manchmal überfahren oder verletzen. Das klingt hart und können Sie so nicht sagen. Deshalb wäre folgende Antwort passend:

---

2 Boris von der Linde/Anke von der Heyde, *Psychologie für Führungskräfte*, Seite 90.

Bewerber: „Mein Partner würde wahrscheinlich sagen, dass ich manchmal sehr direkt sein kann. Das stimmt auch, denn ich bringe die Dinge gern auf den Punkt, aber ich habe mir angewöhnt, anderen mehr Zeit zu geben und mehr zu hinterfragen."

Kommentar: Sie relativieren Ihre Schwäche durch den Zusatz „manchmal" und liefern gleichzeitig drei positive Merkmale: Sie leben in einer Beziehung, in der die Meinung des anderen etwas zählt, sind selbstkritisch und lernfähig.

Personaler: „Sie haben also viel Temperament und das geht manchmal mit Ihnen durch? Na ja, das kann ja auch von Vorteil sein."

Kommentar: Vorsicht, Fangfrage! Das können Sie so nicht stehen lassen. Das würde bedeuten, dass Sie die Beherrschung verlieren. Ein klarer Widerspruch ist an dieser Stelle allerdings auch nicht angebracht.

Bewerber: „Temperament, hmm. Ich würde es Leidenschaft nennen. Wichtig ist für mich, dass man ehrlich miteinander umgeht und den anderen respektiert. Hier habe ich viel von meinem letzten Chef gelernt und beherzige eine ganz einfache Formel: Erst zuhören und verstehen, dann reden und handeln. Damit bin ich in der Vergangenheit sehr gut gefahren. Bei dieser Gelegenheit würde ich Sie gern einmal fragen, wie denn bei Ihnen im Haus die Einarbeitung in den Arbeitsplatz vorgesehen ist. Können Sie mir dazu schon einige Informationen geben?"

Kommentar: Es ist wichtig, dass Sie das Feld der Schwächen schnell wieder verlassen. Am besten gelingt Ihnen das, wenn Sie an Ihre Ausführungen eine Frage anhängen. Reden Sie nicht zu lange über Ihre Schwächen und zählen Sie nie mehr als zwei von ihnen auf. Lenken Sie das Gespräch so schnell wie möglich auf die positiven Aspekte Ihrer Bewerbung.

Bereiten Sie sich darauf vor, ein bis zwei Schwächen zu beschreiben, und machen Sie deutlich, dass Sie durch diese Eigenschaften nicht behindert werden. Im Gegenteil: Verpacken Sie diese Eigenschaften und nutzen Sie die Gelegenheit, sich selbst mit weiteren positiven Merkmalen zu präsentieren. Wichtig ist, dass Sie sich selbst kennen und selbstsicher sind. Jeder Mensch hat weniger stark ausgeprägte Bereiche. Die Frage ist lediglich, inwieweit Ihnen dieses Manko im Weg stehen könnte.

Zusammenfassung

Jeder Mensch hat Stärken und Schwächen, sie sind Bestandteil des Persönlichkeitsprofils. Entscheidend ist, wie sich diese Eigenschaften im Beruf auswirken und wie Sie damit umzugehen gelernt haben. Besondere Bedeutung hat daher die Frage, wie sich Ihr Talentprofil in dem von Ihnen angestrebten Tätigkeitsumfeld auswirkt. Eine vermeintliche Schwäche kann zu einer Stärke werden, wenn Sie diese im passenden Umfeld einsetzen können: Sie sind sehr zielstrebig und durchsetzungsstark und bewerben sich als Unternehmensberater für Prozessoptimierung? In diesem Fall haben Sie bestimmt gute Chancen, den Job zu bekommen, aber für eine neu zu besetzende Stelle als Entwicklungsingenieur wären Sie nicht die erste Wahl …

Unverhofft kommt oft: Telefonische Vorselektion

Wann ereilen Sie Fangfragen? Richtig, wenn Sie nicht gut vorbereitet sind. Doch unverhofft kommt oft: Für das Vorstellungsgespräch vor Ort können Sie sich wappnen, für das telefonische Vorinterview dagegen nicht immer. Daher wundert es auch nicht, dass ein Personaler Sie insbesondere bei der telefonischen Vorselektion schnell auf die falsche Fährte führen kann. Was zeichnet eine Vorauswahl via Telefon aus?
Es gibt drei verschiedene Telefonkontakte, die man als Vorselektion bezeichnen kann:

1. Sie haben eine Bewerbung an ein Unternehmen verschickt, und das Unternehmen ruft Sie nun unerwartet (und für Sie unvorbereitet) an.

2. Sie selbst suchen den telefonischen Kontakt zum Unternehmen, um einige Fragen zur Bewerbung zu klären. Anstatt nur Ihre Fragen zu beantworten, werden Ihnen nun ebenfalls Fragen gestellt, die Sie unerwarteterweise auf Herz und Nieren prüfen.
3. Sie haben einen Telefontermin mit dem Unternehmen für ein telefonisches Bewerbungsinterview vereinbart.

Nur im letztgenannten Fall sind Sie wirklich auf das Gespräch vorbereitet, vergleichbar einem Vorstellungsgespräch vor Ort. Anders als im persönlichen Gespräch können Sie am Telefon nicht durch Ihr Auftreten, Ihr äußeres Erscheinungsbild oder durch eine passende Körpersprache überzeugen. Daher haben Ihre Worte und Ihre Stimme noch mehr Bedeutung und erfahren die ungeteilte Aufmerksamkeit des Personalers.
Ist das Telefonat im Vorfeld terminiert worden, so widerstehen Sie der Versuchung, das Gespräch gemütlich im Jogginganzug vom Sofa aus zu führen. Ihr Gesprächspartner hört, ob Sie gerade erst aus den Federn gekrochen sind und noch mit den Folgen einer langen Nacht hadern. Besser ist Folgendes: Joggen Sie ein paar Minuten um den Block, duschen Sie kalt und singen Sie ein paar Ihrer Lieblingssongs, um die Stimme zu ölen. Tragen Sie Business-Kleidung, frühstücken Sie ordentlich und legen Sie Papier, Stift und Unterlagen in greifbare Nähe des Telefons. Schalten Sie Störungen so weit wie möglich aus: Stellen Sie sicher, dass der Hund nicht gerade dann sein Quietsch-Spielzeug anbringt, wenn Sie telefonieren. Achten Sie zudem darauf, dass andere Telefonapparate oder Handys auf lautlos gestellt sind. Schließen Sie das Fenster, wenn Nachbars Kinder auf dem Spielplatz draußen lautstark balgen.
So weit, so gut. Doch was tun, wenn der Telefonanruf Sie unverhofft ereilt? Lieber nicht ans Handy gehen oder darum bitten, das Gespräch zu vertagen? Tss … tss … tss … präsentiert sich so ein Bewerber, der flexibel, stressresistent und kommunikativ ist? Natürlich nicht! Die Devise heißt also: Tief durchatmen und los geht's!

- ❑ Nehmen Sie den Telefonhörer spätestens nach dem dritten Klingeln ab.
- ❑ Melden Sie sich mit Vor- und Zunamen am Telefon und grüßen Sie („Melanie Schmitz, schönen guten Tag …“).
- ❑ Reagieren Sie möglichst ungezwungen: freundlich, souverän, gelassen.
- ❑ Bedanken Sie sich für den Anruf („Herr Maier, vielen Dank für Ihren Anruf. Ich freue mich sehr darüber. Darf ich Sie bitten, kurz zu warten, bis ich die Tür geschlossen habe?“).
- ❑ Holen Sie die zusammengestellten Informationen zum Unternehmen und der Stellenausschreibung hervor.
- ❑ Grundsätzlich gilt die Devise, dass der Anrufer die ersten Worte beziehungsweise die Gesprächseröffnung führt. Überlassen Sie das Wort daher zunächst dem Anrufer.
- ❑ Führen Sie wichtige Telefonate im Stehen. Sie haben dadurch eine bessere Resonanz, Ihre Stimme hört sich voller an und Sie finden die optimale Stimmlage.

Grundsätzlich müssen Sie ab der ersten Kontaktaufnahme zum Unternehmen damit rechnen, dass man sich bei Ihnen meldet. Das bedeutet, dass Sie schon frühzeitig Unterlagen zusammenstellen. Darin finden sich die Stellenausschreibung, Ihre Bewerbung und die recherchierten Informationen zum Unternehmen. Auch wenn Sie der Telefonanruf unverhofft ereilt, so kann man Sie wenigstens nicht dabei ertappen, unvorbereitet zu sein.

Das Ziel

Ihr Ziel beim telefonischen Kontakt ist, einen persönlichen Gesprächstermin zu vereinbaren. Das telefonische Vorgespräch ist sozusagen der Weg dorthin. Verlieren Sie dieses Ziel niemals aus den Augen. Neigt sich das telefonische Vorgespräch dem Ende zu und haben Sie noch keinen Termin vereinbart, so übernehmen Sie die Initiative. Fragen Sie: „Frau Müller, was wir soeben besprochen haben, hört sich nach einer sehr interessanten Aufgabe an. Ich bin sicher, dass ich einen wertvollen Beitrag dazu leisten könnte. Es würde mich freuen, wenn wir nähere Einzelheiten in einem persönlichen Gespräch klären würden. Was meinen Sie?"

Damit der Personaler an einem persönlichen Gespräch mit Ihnen interessiert ist, müssen Sie sich zuvor als passgenauen Kandidaten präsentiert haben. Dazu gehört auch, dass Sie Ihre Fähigkeiten kennen und dem anderen als Köder vorwerfen, zum Beispiel indem Sie vorbereitete Fragen stellen: „Darf ich Ihnen kurz meine Erfahrungen im Projektmanagement skizzieren?" Dieses Angebot wird Ihr Gesprächspartner garantiert nicht ablehnen – und schon haben Sie sich eine Möglichkeit geschaffen, Ihre Pluspunkte darzustellen.

Wissen Sie, wer Sie sind, was Sie wollen und wofür Sie stehen? Dann kann zu jeder Tages- und Nachtzeit bei Ihnen das Telefon klingeln und es würde Sie nicht aus dem Konzept bringen. Wenn Sie sich über diese grundlegenden Fragen im Klaren sind, geraten Sie nicht aus der Fassung und können jede noch so trickreiche Fangfrage souverän beantworten. Dazu mehr im Kapitel 6, „Typische Fangfragen".

Kleider machen Leute

„Wenn ein Bewerber sich nicht um ein professionelles Äußeres bemüht, wie soll man davon ausgehen, dass er seinen Job professionell erledigt? Wenn Ihr Erscheinungsbild nicht adäquat ist, werden Sie auch kein Stellenangebot erhalten. Schätzungsweise lehnen neun von zehn Arbeitgebern einen nicht angemessen gekleideten Bewerber von vornherein ab."[3]

In kaum einer Situation trifft das Sprichwort „Kleider machen Leute" mehr zu als im Vorstellungsgespräch. Der passende Dresscode, ein seriöses Auftreten, ein gepflegtes Erscheinungsbild und

---

[3] Martin John Yate, *Das erfolgreiche Bewerbungsgespräch*, Seite 77.

gute Umgangsformen sind beim Vorstellungsgespräch von elementarer Bedeutung. Sollte man sich für Sie als neuen Mitarbeiter entscheiden, so werden Sie das Unternehmen bald nach innen und außen repräsentieren. Umso besser, wenn man sich darauf verlassen kann, dass Sie weder die Kunden vor den Kopf stoßen noch beim nächsten Meeting die Vorgesetzten durch laxes Benehmen brüskieren. Versetzen Sie sich mit diesem Hintergrundwissen in die Lage eines Personalers. Schnell wird dann klar, woher der Wind weht: Sollte der neue Mitarbeiter unangenehm in Erscheinung treten, so fällt das auf denjenigen zurück, der ihn eingestellt hat. Daher lautet die Devise eines Personalers: Auf Nummer sicher gehen minimiert das eigene Risiko. Es gelten für Vorstellungsgespräche infolgedessen konservative Regeln für Kleidung und Auftreten.
Die Mannheimer Diplomsoziologin Anke von Rennenkampff hat im Rahmen ihrer Promotion zum Thema „Bewerbungsfotos" herausgefunden, dass bei der Arbeitssuche eben nicht nur das Können zählt, sondern ein gewisses Aussehen die Chancen maßgeblich erhöht. Von Rennenkampff kommt zu dem Ergebnis, dass „Männlichkeit Trumpf ist", sogar bei Frauen. Weibliche Reize sind demnach auf Bewerbungsfotos und auch im Vorstellungsgespräch fehl am Platz. Wer als Frau mit entsprechend dezentem Make-up, zusammengebundenen Haaren und einem Hosenanzug zum Vorstellungsgespräch erscheint, kann damit deutlich besser punkten als mit roten Fingernägeln und einem knappen Minirock. „Bei Sekretärinnenjobs mag das tiefe Dekolleté den einen oder anderen Personaler noch beeindrucken, bei Führungspositionen aber kaum", so Anke von Rennenkampff.[4]

Die härtesten Fragen für das weichste Gesicht

In einem weiteren Versuch von Rennenkampffs telefonierten studentische Personaler mit angeblichen Bewerberinnen, deren schriftliche Unterlagen sie vor sich liegen hatten. Dabei konnten sie

---

4 Vgl. SpiegelOnline, *Die Gunst des kantigen Kinns*, 21.8.2001.

sechs von 18 vorformulierten Fragen auswählen und den Bewerberinnen stellen. Das Ergebnis: Je weiblicher die Kandidatin auf dem Bewerbungsfoto wirkte, umso härter wurde das Kreuzverhör. Während sich die Frau mit spitzem Kinn und zurückgekämmten Haaren lange über ihre größten Erfolge auslassen durfte, mussten die augenscheinlich weiblicheren Kandidatinnen über ihre gravierendsten Fehler referieren.

Daraus folgt, dass Sie schon durch Ihr Auftreten und Ihr Erscheinungsbild beeinflussen, ob und wie viele Fangfragen Ihnen im Vorstellungsgespräch gestellt werden. Tauchen Sie in legerem Freizeitlook auf, so wird man erst einmal kritisch hinterfragen, ob Ihre Zukunft wirklich die eines Unternehmensberaters sein kann. Überzeugen Sie dagegen durch einen gut sitzenden dunklen Anzug mit ordentlichem Krawattenknoten und passendem Hemd, so zeigen Sie schon durch äußere Merkmale, dass Sie für diesen Job offensichtlich prädestiniert sind.

Business-Dresscode

Wenn Sie sich überlegen, welche Kleidung Sie zum Vorstellungsgespräch anziehen, so orientieren Sie sich an dem Job, den Sie in Zukunft gern haben möchten. Entscheidend ist nicht, welchen Job Sie zurzeit ausüben. Auch wenn Sie noch Student sind, müssen Sie durch passende Kleidung für den neuen Job überzeugen.

Jede Branche und jedes Unternehmen hat einen eigenen Dresscode. Während man in der Medien-, Werbe- oder Modebranche und bei kreativen Köpfen im Berufsalltag Kombinationen aus Jeans und Sakko beobachten kann, geht es in einer klassischen Unternehmensberatung, im Finanzsektor und in Berufen mit direktem Kundenkontakt konservativer zu. Dort ist der Anzug Pflicht.

Tipp

Beim Vorstellungsgespräch empfiehlt sich ein konservatives Outfit in den Farben Dunkelblau, Dunkelgrau oder Schwarz. Dunkle, gedeckte Farben vermitteln Seriosität, Beständigkeit, Loyalität und damit alle Eigenschaften, die sich Arbeitgeber von ihren Mitarbeitern wünschen. Von den derzeit angesagten Brauntönen ist allerdings abzuraten. Diese gelten in manchen Branchen immer noch als Freizeitfarbe.

- **Dunkelblau:** klassische Business-Farbe. Diese Farbe wirkt insbesondere als Marineblau seriös, zuverlässig und loyal und ist daher ideal für wichtige Gespräche. Man kennt diese Farbe aus dem Dienstleistungssektor und aus Berufen, die auf Vertrauen setzen, so zum Beispiel bei Piloten, bei der Marine, der Polizei und in Banken.
- **Dunkelgrau:** ist ebenfalls eine unaufdringliche und seriöse Farbe. Wirkt in Kombination mit einem hellblauen oder rosafarbenen Hemd schön ausgewogen. Klassische Business-Farbe.
- **Schwarz:** eine Farbe, die gern bei feierlichen Anlässen getragen wird; würdevolle, elegante Farbwirkung. Als Business-Farbe geeignet, sofern sie mit helleren Farben kombiniert wird – sonst wirkt es zu düster. Je höher die Position, umso dunkler die Kleidung. Schwarz kann daher auch unangemessen wirken, wenn es sich nicht um eine entsprechend hochgestellte Position handelt. Darüber hinaus sagt man Schwarz eine distanzierende Wirkung nach. Der Grund hierfür ist im früheren Brauch zu finden, Trauer zu tragen und den Mitmenschen dadurch besondere Rücksichtnahme und Distanz aufzuerlegen.
- **Rosa und Hellblau:** Rosafarbene und hellblaue Hemden, Blusen und Krawatten lockern strenge Dresscodes auf. Diese Pastelltöne wirken umgänglich und sanft, können aber als „Babyfarbe" auch Unselbstständigkeit signalisieren. Diese Farben sollten Sie daher besser nicht großflächig, zum Beispiel in Form eines pastellfarbenen Kostüms, tragen.
- **Rot:** Diese Farbe wirkt selbstbewusst und aufregend. Wenn Sie sich Autorität bewahren wollen, dann tragen Sie diese Farbe nur selten. Je nach Farbton hat Rot auch eine aggressive beziehungsweise provozierende Wirkung. Sicher keine gute Idee für das Vorstellungsgespräch!

Kleidungstipps für Damen

- Tragen Sie einen Hosenanzug oder ein Kostüm in einer gedeckten Farbe.
- Ihr Rock darf nicht kürzer als knielang sein. Feinstrümpfe in Hautfarbe oder Schwarz sind Pflicht, auch im Sommer.
- Achten Sie darauf, nicht mehr als drei Farben und zwei Muster miteinander zu kombinieren. Sonst wirken Sie zu überladen.
- Tragen Sie nie mehr als neun Dinge sichtbar. Paare zählten dabei als ein Teil (zum Beispiel ein Paar Schuhe). Alles zählt, auch Brillen, Gürtel oder Haarspangen. Verzichten Sie dementsprechend auf auffälligen oder zu viel Schmuck.
- Ein dezentes Make-up ist zu empfehlen und dem ungeschminkten Auftreten vorzuziehen. Sind Sie es nicht gewohnt, Make-up zu tragen, so üben Sie ein paar Tage zuvor.
- Achten Sie auf saubere, nicht abgelaufene Schuhe. Die Schuhe haben die gleiche Farbe wie Ihr Gürtel und Ihre Handtasche. Die Schuhfarbe ist mindestens genauso dunkel oder dunkler als die Farbe Ihres Kostüms beziehungsweise Hosenanzugs. Die Schuhe müssen an den Zehen geschlossen sein. Niedrige bis mittelhohe Absätze sind empfehlenswert.

Kleidungstipps für Herren

- Tragen Sie einen Anzug in einer dunklen, gedeckten Farbe.
- Vermeiden Sie, mehr als drei Farben und zwei Muster miteinander zu kombinieren. Sonst wirken Sie zu überladen. Achten Sie in diesem Zusammenhang insbesondere auf die Farbenvielfalt Ihrer Krawatte.
- Tragen Sie nie mehr als neun Dinge sichtbar. Paare zählen dabei als ein Teil (zum Beispiel ein Paar Schuhe). Alles zählt, auch Brillen, Gürtel oder Manschettenknöpfe. Tragen Sie an Schmuck maximal eine Uhr und einen Ring. Ohrringe, Armbänder oder Ketten sind tabu.
- Achten Sie auf saubere, nicht abgelaufene Schnürschuhe aus Glattleder. Die Schuhe haben die gleiche Farbe wie Ihr Gürtel.

Die Schuhfarbe ist mindestens genauso dunkel oder dunkler als die Farbe Ihres Anzugs. Die Farbe Ihrer Socken entspricht der dunklen Farbe Ihrer Schuhe. Achten Sie darauf, dass im Sitzen kein nacktes Bein zu sehen ist.

Seien Sie sich dessen bewusst, dass der Personaler (wie jeder andere Mensch auch) innerhalb von drei Sekunden einen ersten Eindruck von Ihnen gewinnt. Innerhalb von drei Sekunden können Sie noch nicht mit Ihren Worten überzeugen. Von maßgeblicher Bedeutung ist daher Ihr äußeres Erscheinungsbild, das von Kleidung und Körpersprache bestimmt wird. Man geht davon aus, dass Sie zu 55 Prozent durch nonverbale Signale wirken, gefolgt von der Stimme (38 Prozent) und dem Gesagten (7 Prozent). Natürlich gibt es auch ein Leben nach dem ersten Eindruck und im Vorstellungsgespräch ist selbstverständlich auch wichtig, was Sie wie zu sagen haben. Die besten Karten halten Sie aber in der Hand, wenn Sie sich von vornherein dank Ihres äußeren Erscheinungsbildes passend präsentieren. Denken Sie daran: Je weniger Angriffsfläche Sie in dieser Hinsicht bieten, umso weniger unangenehme Fangfragen müssen Sie sich gefallen lassen.

Körpersprache: Nonverbal überzeugen

Formulierungen wie „mit beiden Beinen im Leben stehen“, „mit Händen und Füßen reden“ oder „den Kopf hängen lassen“ verdeutlichen, welche Aussagekraft der Körpersprache zukommt. Paul Watzlawick prägte in diesem Zusammenhang den Satz „Wir können nicht nicht kommunizieren“. Selbst wenn wir keinen Ton sagen, treten wir in den Dialog mit den Mitmenschen in unserer Umgebung. Anders gesagt: Wenn Ihnen jemand von seinem tollen Mallorca-Urlaub erzählt, sollten Sie nicht die Arme vor der Brust verschränken, die Beine übereinanderschlagen und sich vom Gesprächspartner abwenden – zumindest dann nicht, wenn Sie als aufmerksamer Zuhörer wahrgenommen werden wollen. Ganz

ohne dass Sie ein Wort gesagt haben, ist Ihr mangelndes Interesse über die Körpersprache offensichtlich geworden.
Etwas anderes ist es, wenn man ablehnende Körpersprache absichtlich einsetzt. Einen Vielredner im Smalltalk können Sie gezielt ausbremsen, wenn Sie eine geschlossene Körperhaltung einnehmen, den Blickkontakt abreißen lassen und einige wenige Schritte zurücktreten. Sehr viel häufiger sind wir uns jedoch nicht bewusst, dass uns unsere Körpersprache verrät. Wie aussagekräftig das sein kann, möchten wir Ihnen an einem Beispiel verdeutlichen:

Selbstbewusste kommen besser (vor-)an

Vor einiger Zeit hat die Sat1-Sendung „WeckUp" das Thema „Große Klappe, großer Nutzen: Kommen die Selbstbewussten besser (vor-)an?" aufgegriffen.[5]
In diesem Zusammenhang wurde insbesondere diskutiert, ob ein starkes Auftreten im Privat- und Berufsleben Vorteile bringt. In der Quintessenz kam man zum Ergebnis, dass ein selbstbewusstes Verhalten die Karriere positiv beeinflusst und auch im privaten Umfeld sehr nützlich ist. Vorausgesetzt, man kann seine Versprechungen auch halten, denn sonst gilt die Devise: große Klappe und nichts dahinter. Das bedeutet also, dass man selbstbewussten Menschen von vornherein mehr zutraut. Hat ein Personalchef sich zwischen zwei fachlich gleich guten Bewerbern zu entscheiden, so wählt er denjenigen mit dem selbstbewussteren Auftreten.
Teil der TV-Sendung war ein Beitrag, in dem die Körpersprache eines Bewerbers im Vorstellungsgespräch unter die Lupe genommen wurde. Der Bewerber trat mit Worten selbstbewusst auf und war auch tadellos gekleidet – doch seine Körpersprache belehrte innerhalb kürzester Zeit eines Besseren. Als der Personaler den Bewerber danach fragte, warum er den Job wechseln wollte, rutschte dieser unruhig auf der Sitzfläche umher, lehnte sich zurück, verschränkte die Arme und ließ den Blickkontakt abreißen. Im Nachhinein befragt, konnte sich der Bewerber nicht mehr

---

5 *WeckUp*, produziert von „News and Pictures", Mainz, Sendung vom 5.8.2007.

an seine verräterische Körpersprache erinnern. Der Personaler dagegen umso mehr …

Fangfragen durch Körpersprache provozieren

In der Folge sah sich der Bewerber mit einigen unangenehmen Fragen zum Thema „Stellenwechsel" konfrontiert. Der Personaler hatte sofort erkannt, dass es sich hier lohnte, näher nachzufragen, um einer eventuell fadenscheinigen Antwort auf die Schliche zu kommen. Der Bewerber hatte durch seine verräterische Körpersprache die entsprechenden Fangfragen unfreiwillig provoziert. Es ist also von entscheidender Bedeutung, dass Sie als Bewerber ein rundum stimmiges Bild abgeben. Je weniger Ungereimtheiten Sie aufzeigen, umso weniger Fangfragen fordern Sie heraus. Die Verantwortung dafür, ob und wie viele unangenehme Fragen Ihnen gestellt werden, liegt damit auch in Ihrer Hand.

Wie eine überzeugende Körpersprache aussieht

„Untersuchungen der Universität Chicago haben gezeigt, dass mehr als 50 Prozent der gesamten Kommunikation auf Körpersprache beruhen. Weitere Untersuchungen haben ergeben, dass der Eindruck, den man in den ersten fünf Minuten hinterlässt, der prägendste ist. Da es Ihr potenzieller Arbeitgeber sein wird, der während der ersten fünf Minuten nach der Begrüßung das Gespräch führt, haben Sie wenig bis gar keinen Einfluss auf den Eindruck, den Sie mit Ihren Worten hervorrufen: Sie werden nämlich gar nicht die Gelegenheit haben, viel zu sagen. Folglich liegt es an Ihrer Körpersprache, einen positiven Eindruck zu hinterlassen."[6]

Das Gehen

Gehen Sie nicht zu schnell oder hastig auf Ihr Gegenüber zu. Denken Sie daran, dass es die ersten Sekunden des Kennenlernens

---

[6] Martin John Yate, *Das erfolgreiche Bewerbungsgespräch*, Seite 85.

sind, in denen sich Ihr Gegenüber ein Bild von Ihnen macht. Lassen Sie ihm die Zeit, dieses Bild entstehen zu lassen. Mit schnellen Schritten signalisieren Sie Ungeduld. Wählen Sie eine eher langsame, aber dennoch zielstrebige Gangart. Achten Sie darauf, nicht mit den Füßen zu schlurfen. Das schlurfende Gehen wird als Zeichen fehlender innerer Antriebsstärke interpretiert.

Die Mimik

Suchen Sie den Blickkontakt zu Ihrem Gesprächspartner. Der Blickkontakt ist ein Zeichen von Wahrnehmung und Interesse am Gegenüber. Daher ist er auch während des Gesprächs von immenser Bedeutung. Damit Sie nicht in die Verlegenheit kommen, den anderen anzustarren, lassen Sie Ihren Blick vom rechten zum linken Auge und zum Mund wandern. Tabu ist es, den Blick auf den Körperbereich unterhalb der Schultern zu richten; das gilt als unangemessen. Frauen heften ihre Blicke übrigens häufig auf Unzulänglichkeiten des anderen; Männer lenken ihre Blicke gern auf die Vorzüge des Gegenübers. Also disziplinieren Sie sich, nicht in dieses Schema zu verfallen.

Lächeln Sie – insbesondere beim Kennenlernen in den ersten Minuten ist das wichtig. Sie machen dadurch einen freundlichen und sympathischen Eindruck. Das heißt aber nicht, dass Sie Ihrem Gegenüber während des ganzen Gesprächs mit einem festgefrorenen Dauerlächeln begegnen sollen. Ein ständiges unbewegtes Lächeln gilt als Zeichen von Unaufmerksamkeit oder Unwohlsein nach dem Motto „Gute Miene zum bösen Spiel“ machen.

Die Gestik

Ein Händedruck kann Reserviertheit, Nervosität oder Angst zum Ausdruck bringen. Ob unser Gegenüber aus unserem Händedruck bewusst oder unbewusst Rückschlüsse auf unser Befinden zieht, sei dahingestellt. Tatsache ist, dass Sie bei einem Vorstellungsgespräch alle Register ziehen sollten, um einen überzeugenden Eindruck zu hinterlassen. Und dazu gehört eben auch der perfekte Händedruck.

Achten Sie darauf, dass Ihre Hände sauber und gepflegt sind, wenn Sie zum Vorstellungsgespräch erscheinen. Das bedeutet kurze Fingernägel für die Herren und nicht zu lange Fingernägel für die Damen. Wenn frau nicht vorsätzlich kritische Fragen zu ihrer Fachkompetenz herausfordern möchten, dann verzichtet sie auf rot lackierte Fingernägel, sondern wählt unauffällige Nude-Töne. Der Händedruck ist fest und erfolgt mit der ganzen Hand. Geben Sie Ihrem Gegenüber nicht nur die Finger in die Hand, sondern achten Sie darauf, dass sich Ihre Handflächen berühren. Ihre Hand sollte warm und trocken sein. Falls notwendig, halten Sie die Hände vorher unter heißes Wasser oder nehmen Sie einen Handwärmer in Ihrer Tasche mit, an dem Sie sich vorab unauffällig die Hände wärmen können.

Genau genommen darf Ihr Gesprächspartner entscheiden, ob man sich überhaupt die Hände schüttelt. Der Personaler befindet sich in einer „ranghöheren" Position. Das bedeutet, dass Sie Ihrem Gegenüber nicht initiativ die Hand entgegenstrecken. Gehen Sie stattdessen selbstbewusst auf Ihren Gesprächspartner zu und warten Sie ab, bis man Ihnen die Hand reicht. Suchen Sie beim Händeschütteln den Blickkontakt und begleiten Sie Ihre Vorstellung mit einem Lächeln.

Tipp

Sind mehrere Unternehmensvertreter beim Vorstellungsgespräch anwesend, gehen Sie auf die Gruppe zu. Sollte keiner der Anwesenden Anstalten machen, Sie zuerst zu begrüßen, so gehen Sie von links nach rechts und stellen sich selbst vor: „Guten Tag, darf ich mich Ihnen der Reihe nach vorstellen? Mein Name ist/ich bin Max Schmidt."

Wenn Sie Ihrem Gesprächspartner dann gegenübersitzen, achten Sie auf eine Gestik, die folgendermaßen aussieht: Nehmen Sie eine offene Körperhaltung ein, indem Sie die Hände nicht vor dem Oberkörper verschränken, sondern geöffnet halten. Ihre Hände sollten sichtbar sein – also verstecken Sie diese nicht unter dem Tisch. Legen Sie die Hände locker auf den Beinen oder den Armlehnen ab. Eine vertrauensvolle Geste ist es, die geöffnete Hand mit den Handinnenflächen nach oben zu zeigen. Die leicht geöffneten Hände signalisieren Ehrlichkeit und Glaubwürdigkeit. In früheren Zeiten war dies ein Zeichen dafür, in friedlicher Mission unterwegs zu sein, da man offensichtlich nicht bewaffnet war … Achten Sie darauf, sich nicht bei Unsicherheiten erwischen zu lassen, indem Sie plötzlich in eine geschlossene Körperhaltung, zum Beispiel verschränkte Arme oder vor dem Körper gefaltete Hände, verfallen.

Die Körperhaltung

Umgangssprachlich redet man durchaus von aufrechten Charakteren und krummen Typen. Zu welcher Kategorie möchten Sie zählen? Achten Sie also während des gesamten Gesprächs auf eine gerade Körperhaltung. Überlegen Sie sich: Wie müsste ein Bewerber auftreten, damit er den Job bekommt? Wie läuft, geht oder steht der Idealkandidat, der Selbstbewusstsein fernab von Arroganz oder Überheblichkeit verkörpert?
Sitzen Sie aber nicht so gekünstelt gerade auf Ihrem Stuhl, dass es aussieht, als kämen Sie gerade von der Klavierstunde. Sie müssen sich wohlfühlen und dennoch den Spagat zwischen Steifheit und Lässigkeit beherrschen. Angemessen sitzen Sie, wenn Sie ganz auf der Sitzfläche sitzen, beide Beine auf dem Boden stehen haben und die leicht geöffneten Hände auf den Beinen ablegen. Das signalisiert Vertrauen und Zufriedenheit mit der Situation sowie Gesprächs- und Handlungsbereitschaft. Aber Achtung: Breitbeinig zu sitzen ist ein Zeichen von Überheblichkeit. Halten Sie also die Beine beisammen! Wenn Sie die Beine übereinanderschlagen möchten, dann darf das Bein nicht über die Tischkante ragen. Auch hier bleiben die Beine beisammen und werden nicht im großen Dreieck übereinandergelegt.
Wenn Sie sich setzen, wird das Jackett oder der Blazer aufgeknöpft. Wenn Sie nach dem Gespräch aufstehen, knöpfen Sie ihn wieder zu – der unterste Knopf wird allerdings immer offen gelassen. Entgegen vielfacher Auffassung gilt diese Regel nicht nur für Männer, sondern auch für Frauen.

Ihren Kopf halten Sie erhoben und zeigen dadurch Selbstwertgefühl. Darüber hinaus bleibt dem Gegenüber der Kopf zugewandt und demonstriert Aufmerksamkeit und Interesse. Über die Dauer des Gesprächs hinweg wird die Körpersprache regelmäßig variiert, um nicht steif zu wirken. Der Kopf kann dann auch nach links geneigt werden, was als Zeichen von Gesprächsbereitschaft verstanden wird.

Die Distanzzonen

Die optimale Gesprächsdistanz beträgt eine Armlänge oder einen Meter. Näher als einen Meter sollten Sie Ihrem Gesprächspartner nicht kommen. Dann dringen Sie nämlich in die engste Schutzzone ein, was beim anderen Unbehagen auslöst. Bringen Sie mehr als einen Meter Abstand zum Gesprächspartner auf, so wirkt das distanziert und erschwert das Zustandekommen einer guten Gesprächsatmosphäre.

Verräterische Signale, die Sie nicht aussenden sollten

- Wenn Sie sich auf die Lippen beißen, so bedeutet das meistens, dass Sie gerade etwas gesagt haben, das Sie so nicht wiederholen würden. Dadurch dass Sie sich jetzt auf die Lippen beißen, bestrafen Sie sich selbst für die unbedachte Äußerung. Sieht ein Personaler eine solche Mimik, ist ihm klar, dass er soeben etwas Interessantes erfahren hat. Entweder er fragt an dieser Stelle dann weiter nach, eventuell sogar mit einer Fangfrage, oder er freut sich, dass seine bisherigen Fragen Sie zu dieser unbedachten Äußerung hinreißen konnten.
- Kneifen Sie die Lippen fest aufeinander, so wird das als ein Zeichen von Unzufriedenheit gewertet. Man spricht hier auch von einem verbissenen Mundzug. Ein bisschen mehr Entspannung in allen Lebensbereichen würde guttun!

- Gesenkte Mundwinkel sind ein Zeichen von Enttäuschung. „Als Widerspiegelung eigener Gefühlsregungen sind diese Mundwinkel Zeichen zeitweiliger Depressionen, die die unterschiedlichsten Reaktionen erwarten lassen: Teilnahmslosigkeit oder Ablehnung des Kontaktes zu anderen.“[7]
- Fassen Sie sich während des Gesprächs nicht ins Gesicht: Berühren Sie nicht Ihre Nase oder Ihr Ohrläppchen und legen Sie Ihre Finger nicht auf den Mund. Das ist Gestik, die im wahrsten Sinne des Wortes „ins Auge geht“. Sie signalisieren dadurch Unsicherheit.
- Ineinandergreifende Finger signalisieren Abwehr. Argumente des Gesprächspartners werden nicht mehr zur Kenntnis genommen.
- Lassen Sie die Schultern nicht hängen. Das signalisiert Antriebsschwäche, Erschöpfung oder ist ein Zeichen von Überforderung. Ziehen Sie die Schultern hoch, so gilt das als Zeichen von momentaner Angst und Bedrohung. Auch sollten Sie sich nicht mit einem Schulterzucken dabei erwischen lassen, dass Sie gerade nicht weiterwissen ... Fangfragen sind dann programmiert!
- Der nach rechts geneigte Kopf bedeutet oftmals Skepsis oder Zweifel. Häufig steht dahinter das Misstrauen, zu wenige Informationen zu haben, um sich ein umfassendes Bild machen zu können. Beobachten Sie diese Kopfhaltung beim Gegenüber, so dürfte die nächste Fangfrage nicht lange auf sich warten lassen. Der zurückgeworfene Kopf schafft Distanz zum Gesprächspartner, zeigt Dominanz und signalisiert nicht selten Konfliktbereitschaft.
- Noch ein paar Worte zu den Augenbewegungen: Werden Sie im Gespräch beispielsweise nach Ihrer Rolle in einem früheren Projektteam gefragt und Sie erinnern sich an die damaligen Gegebenheiten, dann gehen Ihre Augenbewegungen ganz automatisch nach links. Dorthin wandern unsere Augen nämlich dann, wenn wir uns an bereits gehörte Klänge, Stimmen, gesprochene Worte oder Geräusche erinnern. Werden Sie dagegen aufgefordert, sich Situationen vorzustellen, die Sie noch nicht erlebt haben, so wandern die Augen nach rechts. Dorthin gehen unsere Augenbewegungen also dann, wenn

---

[7] Bernhard P. Wirth, *Alles über Menschenkenntnis, Charakterkunde und Körpersprache*, Seite 219.

wir uns etwas ausdenken. Was könnte man also daraus schließen, wenn Sie nach Ihrem Aufgabengebiet im jetzigen Job gefragt werden und Ihre Augen nach rechts wandern? Richtig – Sie konstruieren womöglich gerade Ihre Antwort, um besser dazustehen. Wenn Sie sich ausschließlich erinnern würden, so gingen Ihre Augenbewegungen nach links. Ein geübter Personalexperte erkennt also sofort an Ihren Augenbewegungen, ob es sich lohnt, genauer nachzuhaken ... Wenn Sie das Thema Augenbewegungen weiter interessiert, dann probieren Sie diese Theorie einfach einmal bei Freunden oder Kollegen aus. Die Frage „Welche Augenfarbe hat deine Mutter?“ löst Erinnerungen aus – die Augen bewegen sich nach links. Die Frage „Wie sehen unsere Wälder in 500 Jahren aus?“ löst die Konstruktion eines Bildes aus – die Augenbewegungen gehen nach rechts.

- ❑ Auch die Nase nimmt Signale auf und entscheidet, ob man den anderen „riechen“ kann ... Klar ist, dass man frisch geduscht und perfekt gekleidet zum Vorstellungsgespräch erscheint. Darüber hinaus sollten Sie auf Parfum ganz verzichten. Auch die Zigarette oder das Bierchen zum Beruhigen der Nerven kurz vor dem Gespräch ist nicht empfehlenswert, weil Sie den Rauch- und Alkoholnebel unweigerlich mitbringen. Außerdem: Schon am Abend vorher keinen Alkohol trinken – Sie fühlen sich dann fitter und sehen übrigens auch besser aus!

2 Was Personaler erwarten

Urteile nicht über jemanden, bevor du nicht einen Mond lang in seinen Mokassins gegangen bist.
Indianisches Sprichwort

Ob Sie Ihren Wunschjob bekommen oder nicht, hängt im Wesentlichen von zwei Faktoren ab: zum einen davon, ob Sie über die erforderliche Qualifikation verfügen, zum anderen davon, ob es Ihnen gelingt, die Personalverantwortlichen von Ihrer Persönlichkeit zu überzeugen. Die Fähigkeit, andere Menschen für sich zu gewinnen, ist die wichtigste aller Fähigkeiten überhaupt. Nur wenn Sie andere Menschen davon überzeugen, dass Sie ihnen einen Vorteil bieten können, werden sie sich für Sie entscheiden.

Das ist gar nicht so schwer, wie es auf den ersten Blick erscheinen mag. Grundsätzlich lassen sich Menschen gern gewinnen und sind durchaus bereit, neue Beziehungen einzugehen, wenn sie aufrichtiges Interesse empfinden, Gemeinsamkeiten entdecken und spüren, dass sie einem vertrauen können. Zeigen Sie Motivation, Leistungsbereitschaft, Fachwissen und auch angenehme Umgangsformen, fällt es Ihnen umso leichter, Sympathien zu gewinnen.

Folglich besteht Ihre Aufgabe zu Beginn eines Vorstellungsgesprächs darin, aktiv an einem konstruktiven Gesprächsklima mitzuwirken. Zeigen Sie, dass Sie kein Bittsteller, sondern selbstbewusst und von Ihrer Bewerbung überzeugt sind. Infolgedessen wird man Ihnen auch weniger knifflige Fangfragen stellen. Schließlich hat der Personaler nicht das Gefühl, Ihnen auf die Schliche kommen zu müssen. Oft sind es nur Kleinigkeiten, die große Wirkung erzeugen. Beispielsweise werden Sie zu Beginn eines Gesprächs meist gefragt, ob Sie das Unternehmen gut gefunden haben. Was antworten Sie? „Ja, kein Problem, ich habe gut

hergefunden“ oder „Nein danke“ sind nicht die beste Wahl. „Ich wohne ja hier am Ort und kenne das Unternehmen schon von Kindesbeinen an“ oder „Der Weg war leicht zu finden, vielen Dank. Ich habe mich ausführlich im Internet informiert und die Anfahrtsskizze heruntergeladen. Außerdem ist der Weg durch den Ort ja hervorragend ausgeschildert ...“ hört sich da schon besser an und bietet Anknüpfungspunkte für den folgenden Smalltalk.
Wenn Sie gefragt werden, ob Sie etwas trinken möchten, sollten Sie nicht nur mit „Nein danke“ antworten. Aus falscher Bescheidenheit wird dieses Angebot leider häufig abgelehnt. Man hat Ihnen etwas angeboten und Sie sollten diese Höflichkeit nicht zurückweisen. Vielleicht möchte Ihr Gesprächspartner selbst etwas trinken. Darüber hinaus können Sie später einen Schluck Wasser zu sich nehmen und so eine Gesprächspause überbrücken. Die bessere Antwort lautet daher: „Gern nehme ich ein Glas Wasser, vielen Dank.“

Denken Sie immer daran: Sie sind ein interessanter und qualifizierter Bewerber. Wäre dem nicht so, hätte man Sie nicht zu einem Gespräch eingeladen. Nur wer von sich selbst überzeugt ist, kann andere für sich gewinnen. Bedenken Sie aber auch, dass überzogen zur Schau gestelltes Selbstbewusstsein als Arroganz empfunden wird und keinen sympathischen Eindruck hinterlässt. Sie müssen das richtige Maß finden. Es kann durchaus vorkommen, dass Sie nicht jeden Job bekommen, für den Sie sich bewerben, aber Sie müssen immer von sich selbst überzeugt sein und daran glauben, dass Sie es schaffen können.

Wer sind die Interviewpartner?

Im Gegensatz zu schriftlichen und dadurch objektiv messbaren Testverfahren werden Bewerbungsgespräche subjektiv durch den Personalverantwortlichen bewertet. Anders als im Testverfahren kann sich der Personalverantwortliche nicht zurücklehnen und

Ihnen dabei zusehen, wie Sie einen Leistungstest bearbeiten, um schließlich den Nachweis über Ihr Können schwarz auf weiß in den Händen zu halten. Idealerweise soll der Personaler aber nicht nur Ihre Sozial- und Fachkompetenz innerhalb von 60 bis 90 Minuten einschätzen, sondern Ihnen zugleich ein positives Bild vom Unternehmen zeichnen. Denn bekanntermaßen ist ein Vorstellungsgespräch eine Präsentation für beide Seiten: Sie überlegen, inwiefern das Unternehmen zu Ihnen passt – und umgekehrt. Zur Aufgabe des Personalers gehört daher auch, das Unternehmen für den Bewerber attraktiv zu machen und Sympathien zu wecken. Sollte der Bewerber jetzt nicht der neue Mitarbeiter werden, so ist er dennoch Meinungsbildner und kann darüber hinaus als Kunde oder in ein paar Jahren als erneuter Bewerber interessant sein. In gewisser Weise verfolgen Sie als Bewerber also ähnliche Ziele wie Ihr Gesprächspartner aus der Personalabteilung: Sie möchten beide den anderen für sich gewinnen. Sie möchten beide Informationen erhalten, um die jeweils andere Seite mit den eigenen Zielen und Möglichkeiten zu vergleichen.

Der Psychologe Professor Dr. Heinz Schuler drückt es folgendermaßen aus: „Während der Bewerber sich um ein Einstellungsangebot bemüht und die mögliche Unterschätzung seiner Person durch Selbstdarstellung zu kompensieren sucht, ist die vorrangige Intention des Interviewers darauf gerichtet, den Pferdefuß am Bewerber zu erkennen. Überdies überschätzt er die Attraktivität seines Unternehmens und zieht aus der Bewerbung den Schluss, der Bewerber möchte auf alle Fälle in dieser Organisation arbeiten. Dass der Bewerber gleichzeitig 20 Bewerbungen verschickt hat und vielleicht nur auf ein gutes Angebot hofft, um in der derzeitigen Firma Bleibeverhandlungen führen zu können, zieht der Interviewer nicht ernsthaft in Betracht. Um attraktive Bewerber zu gewinnen, zahlt der Interviewer mit gleicher Münze und stellt sein Unternehmen ebenfalls beschönigt dar. Damit ist er erfolgreich, bewirkt allerdings eine um 5 bis 10 Prozent höhere Fluktuationsrate im ersten Berufsjahr, als es bei realistischen Vorinformationen der Fall wäre.“

In der Hand des Interviewers liegt es, Informationen über Organisation, Arbeitsplatz und Tätigkeitsprofil so darzustellen, dass das Unternehmen attraktiv erscheint. Andererseits muss er dem Bewerber auf den Zahn fühlen. Es wundert daher nicht, dass die Redezeit des Personalers ungefähr doppelt so lang ist wie die des Bewerbers. Um all diesen Anforderungen gerecht zu werden, verfügt der ideale Personaler nach Meinung des amerikanischen Persönlichkeitspsychologen Fear daher über die folgenden Eigenschaften:

- Herzliches, engagiertes Wesen
- Sensibilität in sozialen Situationen
- Angemessene Intelligenz
- Analytisches Denken und kritisches Urteil
- Anpassungsfähigkeit
- Persönliche Reife

Da es sich bei sozialer Kompetenz und Intelligenz um zwei unabhängige Merkmalsbereiche handelt, ist es entsprechend schwierig, Interviewer zu finden, die beides in hohem Maße mitbringen. Ein Ergebnis von Fredriksen, Carlson und Ward aus dem Jahre 1984 verdeutlicht die Thematik: Sie fanden bei denjenigen Medizinstudenten die geringste Wärme und Unterstützung, die über die besten wissenschaftlichen Kenntnisse verfügten. Die Wissenschaftler Furnham & Beck kamen darüber hinaus zu dem Schluss, dass erfahrene Beurteiler strengere Urteile abgeben als weniger routinierte Kollegen. Erstaunlicherweise weiß man aber nicht, warum sich erfahrene Beurteiler ein strengeres Urteil anmaßen: Die Erfahrung der Interviewer brachte nämlich keine verbesserte Validität hervor. Ihre Erfolgs- oder Trefferquote war vergleichbar mit denen der unerfahreneren (und gnädigeren) Kollegen ... So geht man davon aus, dass die Erfahrung nur die subjektive Sicherheit des Interviewers erhöht, nicht mehr und nicht weniger. Ob Ihnen der erfahrene oder der unerfahrene Personaler mehr Fangfragen stellt, ist damit auch beantwortet: Der Personalprofi hat meist weniger Hemmungen, Sie in eine schwierige

Antwortsituation zu bringen. Es fällt ihm daher leichter, entsprechende Fallstricke auszulegen.
Mancher Interviewer vertritt sogar die Auffassung, dass Freundlichkeit ihn zur Einstellung der Bewerber moralisch verpflichten könnte. Die Begründung dabei lautet: Wenn ich zu freundlich bin, dann rechnet der Kandidat damit, dass ich ihm ein Einstellungsangebot mache, und das möchte ich vermeiden. Das würde mich in die unangenehme Lage bringen, dem Bewerber diese Erwartung anschließend wieder ausreden zu müssen.[8]

Was sind strukturierte Bewerbungsgespräche?

Um ein möglichst objektives Vorgehen zu erzielen, wenden manche Interviewer im Vorstellungsgespräch ein strukturiertes Interview an. Hier werden alle relevanten Themenbereiche erfasst, in Fragestellungen übersetzt und der Gesprächsverlauf fest definiert. Das standardisierte Interview erlaubt nur wenig Flexibilität, da die Fragen der Reihe nach abgehakt werden. Der Vorteil eines festgelegten Fragenkatalogs liegt für den Personaler in der Vergleichbarkeit der Aussagen und somit in der Vergleichbarkeit der Bewerber. Für den Bewerber selbst besteht der Nachteil eines strukturierten Interviews darin, dass Individualität fehlt, seine Besonderheiten keine Berücksichtigung finden und diese Interviewart schnell schematisch und steif wirkt. Ein strukturiertes Bewerbungsgespräch verläuft zumeist folgendermaßen:

1. Begrüßung und Einleitung des Gesprächs
2. Motive der Bewerbung und Leistungsmotivation
3. Beruflicher Werdegang, aktuelle Beschäftigung
4. Persönlicher, familiärer und sozialer Hintergrund

---

[8] Vgl. Heinz Schuler, *Das Einstellungsinterview*, Seite 73 f. und Seite 82.

5. Gesundheitszustand
6. Berufliche Kompetenz und Eignung
7. Informationen für den Bewerber
8. Arbeitskonditionen
9. Fragen des Bewerbers
10. Abschluss und Verabschiedung

Während der erste Punkt (Begrüßung und Einleitung des Gesprächs) und die letzten beiden Punkte (Fragen des Bewerbers und Abschluss und Verabschiedung) feststehend sind, können die anderen Punkte in ihrer Reihenfolge variieren. Auch ist es nicht zwingend, dass alle Punkte im Vorstellungsgespräch angesprochen werden. So kann der Punkt „Arbeitskonditionen" durchaus erst in einem zweiten Gespräch auf den Tisch kommen.
Unter einem fokussierten oder halbstrukturierten Interview versteht man ein Vorstellungsgespräch, das nicht unbedingt allen Bewerbern die gleichen Fragen in ähnlicher Reihenfolge stellt. Der Interviewer geht auf ihre Antworten ein und daraus entwickelt sich dann ein Kommunikationsfluss. Gern spricht man in diesem Zusammenhang auch von einem fokussierten Interview, das zwar gelenkt wird, aber dennoch flexibel bleibt. Es sind zwar bestimmte Hauptthemen und Interviewziele festgelegt, aber die Reihenfolge der Fragen und die Art der Fragestellung liegen im Ermessen des Interviewers. Hierbei haben Sie als Bewerber beste Einflussmöglichkeiten auf den Gesprächsverlauf, den Sie durch Ihr aktives Verhalten und eigene Fragen mitsteuern können.

Intuitiv geführte Vorstellungsgespräche

In kleineren Betrieben wird das Vorstellungsgespräch vom Geschäftsführer oder Inhaber selbst geführt. Während geschulte Personaler meist ein strukturiertes Interview bevorzugen, finden in inhabergeführten und kleineren Unternehmen intuitiv geführte, also unstrukturierte Interviews statt. Für unstrukturierte Interviews ist typisch, dass der Interviewer mehr spricht als der

Interviewte. Man geht außerdem davon aus, dass die Interviewer ihre Entscheidung zu einem sehr frühen Zeitpunkt treffen. Der erste Eindruck des Bewerbers beeinflusst seine Chancen auf den Job erheblich: Äußere Erscheinung, Gesichtsausdruck und Benehmen spielen im unstrukturierten Gespräch mindestens eine ebenso große Rolle wie das, was der Bewerber sagt.

Beurteilungsmaßstäbe im Vorstellungsgespräch

Ob Sie ein glaubwürdiger Bewerber sind, beurteilt der Personaler anhand seiner Beobachtungen auf zumeist vier Ebenen:[9]

1. *Verhaltens- und Ausdrucksebene*: Dazu gehören Blickkontakt, Auftreten, Tempo, Lächeln, Antwortqualität, Bewerbungsgründe, Lautstärke, Erfahrungsbeispiele, Zielsetzungen, leistungsbezogene und freimütige Äußerungen, stellt Fragen, Kritik an Vorgesetzten, gute Einfälle, Größe, Schmuck, Jargon, Dialekt, Händedruck, zögernd, unpünktlich, unterbricht, stottert, bestimmt, gesprächig, angespannt, plaudert.
2. *Anforderungsebene:* Hier geht es um die Aspekte Loyalität, Ausbildung, Gesundheit, Körperkraft, Gewandtheit, strategisches Denken, Teamgeist, Werthaltung, Arbeitstempo, Organisiertheit, Fachkenntnisse, Motivation, Interessen, Kundenorientierung.
3. *Globalebene*: Hier spielen Dinge wie Extraversion (zum Beispiel Aktivität, Kontaktfähigkeit), Stabilität (zum Beispiel Gelassenheit, Frustrationstoleranz), Gewissenhaftigkeit (zum Beispiel Leistungsstreben, Pflichtbewusstsein), Verträglichkeit (zum Beispiel Entgegenkommen, Bescheidenheit), Intellekt (zum Beispiel Fantasie, Toleranz) eine Rolle.
4. *Bewertungsebene:* positiv = Sympathie, negativ = Antipathie

9 Vgl. Heinz Schuler, *Das Einstellungsinterview*, Seite 95.

Je besser Sie auf den jeweiligen Ebenen abschneiden, umso weniger Fangfragen fordern Sie heraus und umso aussichtsreicher sind die Chancen auf den neuen Job.
Zu berücksichtigen ist in allen Interviews, dass die Person des Interviewers entscheidenden Einfluss auf den Verlauf des Gesprächs hat. Manche Karriereratgeber unterscheiden sogar zwischen den Eigenarten einer narzisstischen, zwanghaften, schizoiden, hysterischen oder depressiven Persönlichkeit. So weit muss man nicht zwingend gehen: Klar ist, dass ein stolzer Unternehmensgründer ein Gespräch anders führt als ein gewiefter Personalfachmann. Und der Fachbereichsleiter stellt wiederum andere Fragen als der Geschäftsführer, der alle Fäden in der Hand hält. Gleichgültig, welche Menschen Ihnen gegenübersitzen: Bei allen Fragen hilft eine gute Vorbereitung, perfekt durchs Gespräch zu kommen und Stolpersteine elegant zu umgehen.

3 Welche Interviewarten es gibt

Stets ist es die schöne Antwort, die die noch schönere Frage stellt.
Edward Estlin Cummings

Im Einstellungsinterview möchte sich der Personaler vom Bewerber ein Bild machen, das über die Papierform der Bewerbungsunterlagen hinausgeht. Durch das Interview erhält er detaillierte Informationen über die Person des Bewerbers, Hintergründe, Sachverhalte und Umstände der Bewerbung.

Eins ist von vornherein klar: Ein Vorstellungsgespräch wird nie entspannend sein. Betrachten Sie die Einladung zum Interview dennoch als ersten Erfolg und das Gespräch an sich als Chance. Sie haben nun die Gelegenheit, sich für den neuen Job zu beweisen oder eben ein Vorstellungsgespräch für den nächsten Ernstfall zu üben. Ein Personaler lädt Sie niemals ein, um Ihnen einen schlechten Tag zu bereiten. Ganz sicher sitzt Ihr Gesprächspartner Ihnen nicht gegenüber und sucht nach der nächsten gemeinen Frage, um Sie zu demontieren. Im Gegenteil: Ihr Gesprächspartner ist ebenso wie Sie an einem erfolgreichen Gesprächsverlauf interessiert. Deshalb werden beide Seiten ihr Hauptaugenmerk darauf legen, ein angenehmes und produktives Gesprächsklima zu schaffen. Zwar ist das Auswahlgespräch nicht mit einem Plauderstündchen gleichzusetzen, aber Sie werden auch keineswegs zur Schlachtbank geführt.

Um den besten Bewerber ausfindig zu machen, stehen dem Personaler verschiedene Gesprächsarten zur Verfügung. Im Folgenden beschäftigen wir uns mit den gängigsten Varianten:

Situative Interviews

Das situative Gespräch ist Teil einer Interviewstrategie. Das bedeutet, dass Sie keineswegs ausschließlich auf ein situatives Interview im Vorstellungsgespräch treffen werden. Situative Fragen wechseln sich vielmehr mit anderen Interviewarten ab und zielen auf eine konkrete Situation in der Vergangenheit ab.
Der Hintergrund: Man geht davon aus, dass kein Bewerber über 90 Minuten hinweg unbemerkt geschönte Geschichten erzählen kann. Daher erwähnt der Personaler gern ein Erlebnis in der Vergangenheit und befragt Sie nach den drei Komponenten „Situation", „Verhalten" und „Ergebnis":

1. Die Situation: „In welcher Situation mussten Sie sich als Teamleiter durchsetzen? Wie waren die Umstände? Welches waren die Auslöser? Welches war Ihre Aufgabe? Wie lauteten die Ziele?"
2. Das Verhalten: „Wie haben Sie sich in dieser Situation verhalten? Was haben Sie getan? Wie haben Sie reagiert?"
3. Das Ergebnis: „Welches Ergebnis haben Sie erreicht?"
4. Was Sie daraus lernen sollten: Bereiten Sie sich auf situative Fragen gründlich vor, da sie in jedem (!) Vorstellungsgespräch vorkommen. Wenn Sie die Stellenausschreibung genau studiert und eine individuelle Bewerbungsmappe erstellt haben, wissen Sie, welche Stationen sich dementsprechend für situative Fragen anbieten. So zum Beispiel Gegebenheiten, die Sie im Anschreiben herausgestellt haben, oder Aufgaben beziehungsweise Positionen in Ihrer Vergangenheit, die ideal zu der Stellenausschreibung passen. Gehen Sie geschickt vor, können Sie Ihrem Gesprächspartner Bälle zuspielen, die Sie später in die Lage versetzen, ein gewünschtes Ereignis zu schildern.

Telefoninterview

Als kostengünstige und Zeit sparende Alternative zu den Vis-à-vis-Gesprächen gilt das Telefoninterview. Wichtig ist, dass Sie bei Ihrem Interview sämtliche Störfaktoren wie Lärm, Geräusche, Handy- oder Türklingeln im Vorfeld ab- und somit ausschalten. Auch müssen Sie sich im Klaren sein, dass es sich trotz der Wohlfühlatmosphäre auf eigenem Terrain – in Ihrer Wohnung oder im Büro – um ein entscheidendes Telefonat mit weit reichenden Konsequenzen handelt. Gespräche per Telefon müssen ohne optische Signale des Gesprächspartners auskommen. Schon deshalb ist besondere Sorgfalt beim Formulieren Grundvoraussetzung:

- ❑ Wählen Sie kurze Sätze.
- ❑ Verwenden Sie eine bildhafte Sprache.
- ❑ Nennen Sie (bildhafte) Beispiele zum Untermauern und zur Verdeutlichung des Gesagten.
- ❑ Ein Lächeln auf den Lippen kann der Gesprächspartner genauso hören, wie wenn Sie sich gerade auf dem Sofa fläzen. Ersteres ist gut, Letzteres hingegen nicht.
- ❑ In Telefongesprächen sind Missverständnisse keine Seltenheit. Gerade weil wir den anderen nicht beobachten und aus Gestik und Mimik keine Rückschlüsse ziehen können, sind Kontrollfragen durchaus sinnvoll: „Habe ich Sie richtig verstanden, dass …?“

Was Sie daraus lernen sollten: Ein Gespräch ist nur dann interaktiv, wenn beide Seiten zuhören und wahrnehmen, was der Gesprächspartner zu sagen hat. Deshalb gilt: volle Konzentration! Ihr Zuhörer achtet verstärkt auf Nuancen, Pausen, Stimmung in Ihren Antworten, um Ihre „Reaktion“ zu hören. Bekräftigen Sie also das Gesagte durch Wiederholung, haken Sie nach und gehen Sie auf Argumentationen ein.

Stressinterview

Das Stressinterview ist eine der gefürchtetsten Interviewformen – auf Seiten der Bewerber und auf Seiten der Personaler. Werden Personaler danach gefragt, ob sie Stressinterviews einsetzen, so kommt man meist auf eine verschwindend geringe Zahl. Für gewöhnlich setzt ein Unternehmen reine Stressinterviews nur in besonderen Situationen ein, so zum Beispiel, wenn sich Bewerber und (künftiger) Fachvorgesetzter gut kennen und man eine Absprache der beiden fürchtet, oder wenn sich ein Bewerber auf hohem Ross präsentiert und man ihn zu Fall bringen möchte.
Daneben sind Stressinterviews bei der Auswahl von Mitarbeitern für den Außendienst oder Direktvertrieb zu beobachten und werden gern in ein Assessment-Center integriert. Für Aufgaben in der Betreuung sozial auffälliger Personen sowie bei der Einstellung von Nachwuchskräften bei Polizei oder Justizvollzug gehört das „stressige Interview“ ebenfalls zum Standard.
Der Hintergrund: Im Stressinterview wird der Bewerber absichtlich provoziert und unter Druck gesetzt. Durch unangenehme, unverständliche oder sogar sinnlose Fragen und Wiederholungen werden die Frustrationstoleranz und die Stressresistenz des Bewerbers auf die Probe gestellt. Dadurch werden eine Situation und ein Gesprächsklima geschaffen, die das Selbstbewusstsein des Bewerbers und seine Bereitschaft zur sachlichen Gesprächsführung herausfordern. Daher haben wir anfangs erwähnt, dass das Stressinterview sowohl bei Bewerbern als auch bei Personalern gefürchtet ist, denn der Personaler soll bekanntermaßen ein positives Bild vom Unternehmen zeichnen. Es gilt die Devise, dass ein Personaler versagt hat, wenn sich der Bewerber in seiner Gegenwart unwohl fühlt – und das ist bei einem Stressinterview unweigerlich der Fall.

z.B.

Mögliche Fragen im Stressinterview

Der Personalverantwortliche provoziert den Bewerber, indem er ihn als nicht vertrauenswürdig oder unglaubhaft darstellt. Es werden negative Eigenschaften oder unangemessenes Verhalten unterstellt und in Wiederholungsschleifen entsprechende Fragen gestellt, zum Beispiel:

- Wir haben anhand Ihrer Unterlagen den Eindruck gewonnen, dass Sie sich aus Verlegenheit bei uns bewerben. Was sagen Sie dazu?
- Wir haben gehört, dass Sie bei einer Ihrer letzten Tätigkeiten des Diebstahls beschuldigt wurden. Ist das zutreffend?
- Wir sind erstaunt, dass Sie sich trotz Ihrer mangelnden Qualifikation bei uns bewerben. Wie sind Sie nur auf diese Idee gekommen?
- In Ihrer letzten Stellung wurde Ihnen ja nahegelegt zu gehen. Warum?
- Ist es nicht unter Ihrem Niveau, mit Leuten zu arbeiten, die nicht studiert haben?
- Wann haben Sie zum letzten Mal schlecht über Ihren Vorgesetzten geredet?

Reine Stressinterviews sind selten. Wohl kann es aber vorkommen, dass im gemischten Interview auf einzelne Stressfragen zurückgegriffen wird. Insbesondere wenn Sie sich für einen stressigen Job bewerben, sollten Sie darauf vorbereitet sein, sich berufstypischen Stressfragen stellen zu müssen. Eine Geschichte verdeutlicht, wie man mit der Herausforderung „Stressinterview“ umgeht:

z.B.

„Jens Blum war in einer unangenehmen Lage. Er sollte seinen Lebenslauf in spanischer Sprache vor zwei Mitarbeitern der Personalabteilung und einem Vorstand des Finanzdienstleisters präsentieren, bei dem er sich für den Aufbau der Vertriebsstruktur einer neuen Absatzregion beworben hatte. Doch der angehende Chef schoss ständig quer. ‚Diese und jene Vokabel gebe es auf Spanisch doch gar nicht‘, beschreibt Blum eine Unterbrechung. ‚Über einen ehemaligen Arbeitgeber fragte er, ob der nicht längst pleite sei.‘ Zwischendurch beugte sich der Abteilungsleiter zur Personalerin hinüber und fragte laut, wie lange es noch dauern würde – schließlich würden noch so viele Bewerber erwartet. Schon die Begrüßung erstaunte Blum: ‚Was sind Sie denn so locker? Das ist ein Vorstellungsgespräch. Oder wollen Sie mir etwas verkaufen?' Auch Blums Leistung versuchte der Chef in spe zu schmälern. ‚So gut sind die von Ihnen erzielten Einsparungen bei den Prozesskosten auch nicht – das schaffen wir schon längst', gibt Blum die Anmerkung wider. Blum blieb, wenn er überhaupt reagierte, stets sachlich und höflich. ‚Auf die Sache mit der Vokabel habe ich beispielsweise geantwortet: Bisher bin ich immer gut verstanden worden.' Dabei gab es durchaus Momente, in denen Blum die Beherrschung schwerfiel – etwa wenn der Chef unvermittelt auf die sanfte Tour schaltete: ‚Super Lebenslauf, guter Mann – den will ich haben', erinnert sich Blum an die plötzlichen Lorbeeren. ‚Da hätte ich beinahe gefragt, ob er mich veralbern wolle.' Den Vorstand beeindruckte Blums Vorstellung. Wenige Tage später bekam er die Zusage ..."[10]

Was Sie daraus lernen sollten: Nicht jedes Gespräch, das von Ihnen als stressig empfunden wird, ist tatsächlich ein reinrassiges Stressinterview. Das Vorstellungsgespräch an sich macht nervös, empfindlich oder sogar ängstlich – auch ohne dass ausschließlich stressreiche Fragen gestellt werden. Das Problem dabei ist ein uraltes: Als unsere Vorfahren noch Jäger und Sammler waren, sahen sie sich auf ihrer Suche nach Nahrung und Feuerholz oft unerwarteten Gefahren ausgesetzt. So konnte es passieren, dass sie sich plötzlich einem wilden Tier gegenübersahen, das sie als Beute identifiziert hatte. Es standen in solchen Situationen nur die beiden Optionen Kampf oder Flucht offen. Meist folgte der Entschluss, sich möglichst schnell in Sicherheit zu bringen, also zu fliehen. Um die letzten Kraft- und Energiereserven aktivieren zu können, setzte der Körper Adrenalin frei. Adrenalin, auch Epinephrin genannt, wird in Stresssituationen ausgeschüttet, erzeugt eine Steigerung der Herzfrequenz und einen Anstieg des Blutdrucks. Dadurch werden optimale Bedingungen erzeugt, um den Körper zu Höchstleistungen anzuspornen und sich schnell in Sicherheit bringen zu können – allerdings mit einem heute

10 SpiegelOnline, *Stressinterview für Bewerber*, 12.2.2007.

lästigen, aber damals sinnvollen Nebeneffekt: Das bewusste Denken wird gleichzeitig reduziert, denn wer erst lange darüber nachdenken muss, ob und wohin er rennen soll, hat schon viel wertvolle Zeit verloren und wird umso schneller eingeholt.
Zwar besteht heutzutage meist keine körperliche Gefahr, wenn uns ein verbaler Angriff trifft. Die automatischen Reaktionen, die unser Körper auf eine derartige Aktion zeigt, sind jedoch die gleichen geblieben. Darum macht Stress schlicht und ergreifend dumm. Denn aufgrund der Stresssituation reagiert unser Gehirn limitierend: Alle Denkfunktionen werden minimiert. Zwar haben wir viel Kraft in unseren Muskeln, aber leider sehr wenig kreative Geistesblitze. Eindeutig ein Nachteil, wenn wir auf der Suche nach der pfiffigen Erwiderung sind.
Sie befinden sich dank der unerwartet fiesen Bemerkung des anderen ohnehin in einer Stresssituation. Es ist daher schwierig für Sie, zu kontern, weil das Adrenalin sich schon auf den Weg in Ihre Blutbahnen gemacht hat. Als wäre das nicht schon genug, fügen Sie selbst nun noch eine weitere Stressursache hinzu und setzen sich unter Druck, indem Sie von sich verlangen, sofort passend zu kontern. Das Ergebnis ist nur ein leerer und manchmal auch rot angelaufener Kopf, ein schneller Pulsschlag, aber leider weit und breit keine raffinierte Erwiderung auf der Zunge. Der Grund dafür ist zu viel Stress und zu viel blockierendes Adrenalin. Werden Sie gezielt einem Stressinterview und einer Stresssituation ausgesetzt, dann halten Sie sich an die folgenden Grundregeln:

Bewahren Sie die Fassung

Lassen Sie sich nicht provozieren, geraten Sie nicht aus der Fassung. Bewahren Sie Ruhe, übergehen Sie Randbemerkungen und machen Sie sich bewusst, dass Ihr Gesprächspartner gerade ein gemeines Spiel spielt. Man erwartet, dass Sie aus der Haut fahren und sich gestresst zeigen. Genau diesen Gefallen sollten Sie Ihrem Gegenüber nicht tun!

Rechtfertigen Sie sich nicht

Sie müssen sich nicht rechtfertigen, indem Sie erklären, warum das angegriffene Verhalten richtig war. Sie können die Lage und Ihre Beweggründe erklären, müssen sich aber nicht verteidigen oder gar rechtfertigen.

Überstürzen Sie nichts

Lassen Sie Ihren Gesprächspartner immer ausreden. Halten Sie den Blickkontakt und bleiben Sie aufmerksam, auch wenn es schwerfällt. Atmen Sie vor Ihrer Antwort tief durch, Ihr Gegenüber ist so gespannt auf Ihre Reaktion, dass er gut und gerne ein paar Sekunden auf Ihre Antwort warten wird.

Auge um Auge, Zahn um Zahn

... ist keine gute Devise fürs Interview. Zahlen Sie nicht mit gleicher Münze heim, indem Sie noch unverschämter kontern. Bleiben Sie stets höflich und distanziert.

Sie haben die Wahl

Wenn es Ihnen zu viel wird, haben Sie jederzeit die Möglichkeit, das Gespräch zu beenden und nach Hause zu gehen. Werden Ihnen wiederholt Stressfragen gestellt, die im übertragenen Sinne unter die Gürtellinie zielen, sollten Sie dies ernsthaft in Erwägung ziehen. Zum Beispiel: „Sie haben soeben erfahren, dass Ihre Frau Sie betrügt, und haben einen wichtigen Kundentermin. Was würden Sie tun?“ Vergessen Sie nicht: Sie haben die Wahl, ob Sie sich dem Stressinterview aussetzen – oder eben nicht.

Teaminterview

Ein Teaminterview oder Gruppeninterview ist in zweierlei Hinsicht denkbar:

1. Sie sind nicht der einzige Bewerber im Auswahlgespräch

Insbesondere bei internen Auswahlprozessen und in Assessment-Centern kann es Ihnen passieren, dass Sie nicht allein, sondern in einer Bewerbergruppe dem Personaler gegenübersitzen. Für das Unternehmen hat eine solche Bewerbergruppe den Vorteil, dass sich auf einem kostengünstigen – weil Zeit sparenden – Weg die besten Bewerber herauskristallisieren: Durch die Konkurrenzsituation werden die Unterschiede zwischen den Bewerbern schnell deutlich. Meist beginnt man mit einer Vorstellungsrunde, in der sich alle Bewerber kurz präsentieren und darstellen, warum sie sich für die ausgeschriebene Stelle beworben haben.
Den Personalern ist bewusst, dass diejenigen Bewerber, die als Erste beziehungsweise als Letzte zu Wort kommen, den schwierigsten Stand haben. Zeigen Sie, dass Sie sich dessen ebenfalls bewusst sind, indem Sie dazu ein paar Worte fallen lassen. (Zum Beispiel: „Aller Anfang ist bekanntermaßen schwer, aber einer muss ja der Erste sein (lächeln!). Ich freue mich, dass ich die Gelegenheit heute nutzen darf, um …“ Oder: „Man sagt, die Letzten werden die Ersten sein. Das macht mir Hoffnung (lächeln!). Ich freue mich, dass ich …“) Keinesfalls darf Ihre humorvoll gemeinte Äußerung als ehrenkäsig herüberkommen. Vergessen Sie daher nicht zu lächeln und holen Sie die Schmunzler auf Ihre Seite. Verfallen Sie nicht in die Poser-Manier Ihrer Mitbewerber: Sie werden sich wundern, was diese so alles abziehen, um den besten Eindruck zu schinden. Seien Sie beruhigt: Erfahrene Personaler sind es gewohnt, Schaumschläger zu entlarven. Bleiben Sie sich stattdessen selbst treu und vertrauen Sie auf Ihre Überzeugungskraft jenseits der Angeberei.

2. Sie sitzen nicht nur einem Personaler gegenüber

Klassischerweise sitzen Sie im Vorstellungsgespräch einem Personaler oder dem Personaler und dem Fachvorgesetzten gegenüber. Manchmal erwartet Sie aber auch ein regelrechtes Fachgremium, bestehend aus mehr als zwei Personen: So können zum Beispiel der Personaler, der Fachvorgesetzte, der Firmeninhaber, ein Betriebsratsmitglied oder auch ein künftiger Kollege am Auswahlgespräch teilnehmen. Regelmäßig ist dabei zu beobachten, dass die Rollen innerhalb des Gremiums unterschiedlich verteilt sind: Einer hat die steuernde Rolle, einer den verständnisvollen Part und ein Dritter stellt die giftig fragende Besetzung dar. Achten Sie darauf, dass Sie zu allen Beteiligten Blickkontakt aufbauen und eine Beziehung herstellen. Auch wenn einer der Gesprächspartner eine schweigsame Rolle einnimmt, bedeutet das nicht, dass er für Sie unwichtig wäre.

Brainteaser

Brainteaser werden nicht zwingend in Vorstellungsgesprächen verwendet, sie kommen aber insbesondere in Gesprächen für Positionen vor, in denen von den Mitarbeitern kreative Ideen, logisches Querdenken oder ein Feingefühl für Zahlen gefragt sind. Der Softwarekonzern Microsoft gilt als Vater solcher Knobeleien. Angesichts der monatlichen Bewerberflut ließen sich die Personalverantwortlichen von Microsoft Denksportaufgaben einfallen, die sie Bewerbern im Vorstellungsgespräch stellten. Damit kreierten sie ein geeignetes Auswahlverfahren und Bewerber hatten mit Fragen wie „Wie viele Brautkleider hängen zurzeit in Amerikas Lagerhäusern?“ oder „Wie viele Tonnen Zucker exportiert Brasilien pro Jahr?“ zu kämpfen.

Brainteaser nennt man daher treffenderweise auch Logikaufgaben. Hier ist vor allem die Fähigkeit gefragt, um die Ecke zu denken. Für den Personaler ist nicht in erster Linie entscheidend, ob man den Brainteaser knackt, sondern wie man an die Lösungsfindung herangeht.

z.B.

Von neun Kugeln ist eine etwas schwerer als die anderen. Ist es möglich, mit zweimaligem Wiegen auf zwei Waagschalen die schwere Kugel zu finden? Wenn ja, wie ist das möglich? Laut Autor Stefan Menden[11] führt diese Aufgabe die Brainteaser-Hitliste an. Die Lösung lautet folgendermaßen: Im ersten Wiegevorgang legt man jeweils drei Kugeln in die Waagschalen. Die drei restlichen Kugeln werden nicht gewogen. Neigt sich die Waage auf einer Seite nach unten, befindet sich unter diesen drei Kugeln die schwere. Im zweiten Schritt wiegt man zwei dieser drei Kugeln. Bleibt die Waage ausgeglichen, ist die übrige die schwere Kugel. Neigt sich die Waage, liegt dort die schwere Kugel. Ist die Waage beim ersten Wiegen ausgeglichen, weiß man, dass die schwere Kugel unter den nicht gewogenen drei Kugeln ist und kann diese erneut durch einmaliges Wiegen von zwei der übrigen Kugeln bestimmen ... Alles logisch, wenn auch nicht ganz einfach.

Bevor Sie sich den Kopf zerbrechen, wie Sie das Rätsel lösen sollen, verraten wir eines vorweg: „Richtige" Antworten auf Brainteaser gibt es oft nicht; der Lösungsweg ist entscheidend. Was Sie daraus lernen sollten:

Lernen Sie Kennzahlen auswendig

Sie können sich bereits vor einem Bewerbungsgespräch auf mögliche Abschätzungsaufgaben vorbereiten, indem Sie bestimmte Kennzahlen lernen. Die Bevölkerungszahl Deutschlands, das Bruttosozialprodukt und Informationen über gesellschaftliche Entwicklungen sind über das Statistische Bundesamt Deutschland abrufbar. Ohnehin empfehlenswert ist es, den Wirtschaftsteil der Tagespresse regelmäßig zu lesen, um auf dem Laufenden zu sein.

Denken Sie laut

Ihr Interviewpartner möchte hören, wie Sie an das Problem herangehen. Es ist daher nicht damit getan, ihm des Rätsels

---

11 Vgl. Stefan Menden, *Das Insider-Dossier: Brainteaser im Bewerbungsgespräch*, Seite 47.

vermeintliche Lösung auf den Tisch zu legen. Sie sollten Ihre Vorgehensweise erklären und dadurch Ihr Ergebnis verständlich machen. Meist müssen Sie sich der Lösung ohnehin Schritt für Schritt nähern.

Fragen Sie nach

Erscheint Ihnen eine Knobelei zu rätselhaft, weil Ihnen Informationen zur Problemlösung fehlen, dann fragen Sie nach. So gewinnen Sie Zeit und hoffentlich auch neue Erkenntnisse.

Nichts ist unmöglich

Auch wenn eine Frage noch so unlösbar aussieht, darf sie Sie nicht entmutigen, sondern fordert Sie heraus. Zeigen Sie Ihrem Gegenüber, dass Sie Spaß an solchen Herausforderungen haben, statt entmutigt die Schultern hängen zu lassen.

z.B.

Haben Sie Lust bekommen, ein paar Brainteaser zu knacken? Bereiten Sie sich mit diesen Klassikern auf den Ernstfall vor:

Warum sind die Kanaldeckel rund?

Eine richtige Antwort gibt es nicht, dafür aber viele gute Antworten. Die erste und offensichtlichste Antwort lautet: „Weil die Kanalöffnungen rund sind." Mit dieser Antwort geraten Sie aber in eine Sackgasse, denn es stellt sich sofort die Anschlussfrage, warum die Kanalöffnungen rund sind. Alternative Antworten lauten: Kanaldeckel sind rund, weil ...

- man sie leichter durch Rollen transportieren kann,
- es leichter ist, runde Kanalöffnungen zu bohren,
- die Verletzungsgefahr bei runden Gegenständen geringer ist,
- sich in Rundungen nicht so viel Dreck absetzen kann wie in Ecken ...

Wasserspiegel

Sie sind in einem Ruderboot auf einem kleinen Teich und haben den Anker ausgeworfen. Was passiert, wenn Sie den Anker wieder einholen? Wird sich der Wasserspiegel senken, heben oder wird er gleich bleiben?
Lösung: War Ihre intuitive Antwort auf diese Frage auch, dass der Wasserspiegel sich nicht verändert? Diese Antwort ist leider falsch! Tatsächlich steigt der Wasserspiegel. Warum? Die entscheidenden Größen sind hier Dichte und Volumen. Der Anker hat zwar nicht so ein großes Volumen, da er aber mit Sicherheit aus Eisen ist, hat er eine sehr hohe Dichte und ein recht hohes Gewicht. Das Boot ist wesentlich größer als der Anker, hat also ein großes Volumen, relativ zu seiner Größe jedoch ein nicht so hohes Gewicht. Wird der Anker nun aus dem Wasser geholt und in das Boot gesetzt, so taucht der schwere Anker das Boot weiter ins Wasser ein. Durch die Größe des Bootes wird nun also mehr Wasser verdrängt, als das Volumen des Ankers ausgemacht hat. Folglich steigt der Wasserspiegel.

Nackter Mann im Schnee

Es liegt ein nackter Mann tot im Schnee, in seiner rechten Hand befindet sich ein kurzes Streichholz. Warum hat der Mann Selbstmord begangen?
Lösung: Der Mann war ein Ballonfahrer, der sich geopfert hatte, nachdem die vierköpfige Besatzung verzweifelt allen Ballast inklusive Kleidung abgeworfen hatte, ohne der Gefahr, an den nahenden Bergen zu zerschellen, zu entgehen. Daraufhin entschied die Truppe, dass sich einer opfern müsste. Es traf denjenigen, der das kurze Streichholz gezogen hatte.

Case Study

Die Beratungsbranche steht vor allem bei Hochschulabsolventen und Young Professionals ganz oben auf der Liste der Traumarbeitgeber. Erfahrungsgemäß stellen die Personalverantwortlichen besondere Ansprüche an zukünftige Mitarbeiter. Nicht selten muss der Bewerber seine Qualifikation in Case Studies beweisen. Ziel der Unternehmen ist, außergewöhnliche Kandidaten zu identifizieren und bewerten zu können, welche Leistungen der Bewerber im Job erbringen wird. Von einem Berater werden neben Problemlösungs-, Analyse- und Kommunikationsfähigkeit vor allem Flexibilität und Durchhaltevermögen erwartet. Auch hier geht es weniger um die richtige Lösung als vielmehr um die Frage, wie der Bewerber an berufliche Aufgabenstellungen herangeht. Eine oft zitierte Case Study ist das Beispiel der Boy's- und Girl's-Windeln:

z.B.

„Ein großer Konsumgüterproduzent brachte vor einigen Jahren Windeln für Mädchen und Jungen auf den Markt. Laut Marktforschungsberichten waren Konsumenten, vor allem Mütter, begeistert von diesem neuen Produkt. Trotzdem wurden diese geschlechtsspezifischen Windeln zugunsten von Unisex-Windeln wieder vom Markt genommen. Wie ist das, aus Ihrer Sicht, zu erklären?"

Wie Sie an Case Studies herangehen: Üblicherweise steht Ihnen eine Bearbeitungszeit von 30 bis 60 Minuten zur Verfügung, um Case Studies zu lösen. Sie müssen die Antworten also nicht wie aus der Pistole geschossen parat haben. Mittlerweile werden Case Studies auch gern am Computer durchgeführt. Arbeiten Sie dennoch zusätzlich mit Papier, um sich Stichworte für Ihre spätere Präsentation notieren zu können. Verschaffen Sie sich zunächst einen Überblick über die Gesamtsituation der Aufgabenstellung. Dazu lesen Sie den gesamten Text einmal durch. Beim zweiten Lesen markieren Sie die Stellen, die Ihnen besonders wichtig erscheinen.
Bei Case Studies besteht die Gefahr, sich zu verzetteln. Verlieren Sie daher nicht die Zeit aus den Augen und erarbeiten Sie ein Konzept, das vollständig ist. Bei Ihrem Vortrag sollten Sie Ihre Ausarbeitungen selbstbewusst vertreten und sich nicht ständig fragen, ob Ihre Überlegungen plausibel sind. Im späteren Berufsalltag kann Ihnen auch niemand die Hand halten und Ihnen Mut zusprechen. Das müssen Sie schon allein schaffen! Auch gehört es zum Prozedere, dass man Ihrer Lösung gegenüber Skepsis zum Ausdruck bringt und gründlich nachfragt. Ähnlich wie beim Stressinterview möchte man sehen, ob Sie Stehvermögen besitzen oder gern klein beigeben.

4 Welche Arten von Fragen es gibt

Ob ein Mensch klug ist, erkennt man an seinen Antworten.
Ob ein Mensch weise ist, erkennt man an seinen Fragen.
Nagib Mahfouz

Ein Vorstellungsgespräch ist von Fragen, Fragen und nochmals Fragen gekennzeichnet. Die meisten Fragen werden Ihnen als Bewerber vom Personaler gestellt und es liegt an Ihnen, überzeugend zu antworten. Ihr Gesprächspartner möchte sich innerhalb von 60 bis 90 Minuten ein umfassendes Bild von Ihnen machen können: Ihre Motivation, Leistungsbereitschaft, Teamfähigkeit, Ihr Führungsvermögen etc. stehen auf dem Prüfstand.
Darüber hinaus ist ein Vorstellungsgespräch kein Vorstellungsverhör. Darum sollen und dürfen Sie Ihrerseits auch Fragen stellen. Doch Frage ist nicht gleich Frage. Bevor Sie Ihr eigenes Fragepulver unnötig verschießen, machen Sie sich mit den Grundsätzen einer guten Fragetechnik vertraut und erfahren Sie, welche Fangfragen sich hinter den scheinbar harmlosen suggestiven Äußerungen Ihres Gegenübers verbergen können.

Geschlossene Fragen

Geschlossene Fragen sind solche, auf die der Gesprächspartner mit „Ja" oder „Nein" antworten kann. Zum Beispiel: „Lesen Sie gern?" – „Ja."
Nach der Erfahrung der Rhetoriktrainerin Vera F. Birkenbihl gilt dabei Folgendes: „Je mehr eine Frage den Antwortenden festlegt, desto geschlossener ist sie." Sie spricht daher nicht nur von ganz geschlossenen, sondern auch von relativ geschlossenen Fragen.

Eine ganz geschlossene Frage kann bekanntermaßen mit „Ja“ oder „Nein“ beantwortet werden. Eine relativ geschlossene Frage hört sich folgendermaßen an: „Wann treffen wir uns?“ oder „Wo treffen wir uns?“. In beiden Fällen kann der Gesprächspartner zwar nicht mit „Ja“ oder „Nein“ antworten, wird aber auch nicht zu einer langwierigen Antwort ansetzen, sondern schnell zum Punkt kommen. Die Antworten könnten kurz und knapp lauten: „Um 17 Uhr“ oder „Wir treffen uns vor dem Rathaus“.
Wenn Sie einen Dialog führen möchten (und wer möchte das nicht?) – sei es im Vorstellungsgespräch oder im Smalltalk –, so tun Sie sich keinen Gefallen damit, ganz oder relativ geschlossene Fragen zu stellen. Sie erfahren dabei von Ihrem Gesprächspartner weniger als gewollt. Folgendes Beispiel verdeutlicht das Dilemma:

z.B.

„Darf ich Ihnen noch ein paar Fragen stellen?"

„Ja, natürlich."

„Haben Sie einen Mitarbeiter-Parkplatz?"

„Ja, der ist vorhanden."

„Wo befindet sich der Parkplatz, wenn ich fragen darf?"

„Gleich hinter unserem Firmengebäude."

„Oh, das ist ja prima. Muss man bestimmte Voraussetzungen erfüllen, um dort parken zu dürfen?"

„Ja, ja, wir haben natürlich ein paar Beschränkungen ausgegeben."

„Aha ..."

Der Fragende ist am Ende des Gesprächs nicht viel schlauer als zuvor. Verstehen Sie dieses Beispiel aber bitte nicht als Aufforderung, im Vorstellungsgespräch nach den Parkplätzen zu fragen ... Das wäre der sicherste Weg, sich sofort aus dem Jobrennen zu werfen!

Natürlich möchten wir nicht verschweigen, dass es einige Situationen gibt, in denen geschlossene Fragen bewusst und zielgerichtet eingesetzt werden können. Sie werden insbesondere dann herangezogen, wenn man Klarheit gewinnen oder zu einer Übereinkunft kommen möchte. Zum Beispiel: „Ist meine Bewerbung für Sie interessant?"
Außerdem stellt ein Arzt gern eine Reihe von geschlossenen Fragen, um die Beschwerden eines Patienten einzuordnen („Wann sind die Schmerzen zum ersten Mal aufgetreten?", „Haben sich die Schmerzen seither verschlimmert?", „Ist es ein stechender Schmerz?"). Gleiches gilt für die typischen Frageberufe wie Rechtsanwalt, Richter oder Lehrer.

Offene Fragen

Je offener die Antwortmöglichkeit, desto offener ist auch die Frage. Offen ist eine Frage also immer dann, wenn der Gesprächspartner frei und unbefangenen antworten kann. Zum Beispiel: „Was versprechen Sie sich von einem Stellenwechsel?"
Nur noch relativ offen ist die Frage, wenn sie eine bestimmte Richtung vorgibt. Zum Beispiel: „Was wissen Sie über die Schwierigkeiten, die bei einem Stellenwechsel auftreten können?" Dabei ist klar, dass sich die Antwort an den Schwierigkeiten eines Stellenwechsels orientiert und nicht ganz unbefangen erfolgen wird.
Wenn Sie Informationen bekommen möchten und dementsprechende Fragen an den Personaler im Bewerbungsgespräch stellen, achten Sie darauf, dass es sich um offene Fragen handelt!

Alternative Fragen

Eine Alternativfrage liegt vor, wenn man dem Gesprächspartner verschiedene Antworten zur Auswahl vorgibt. Zum Beispiel:

„Warum möchten Sie sich beruflich verändern? Entspricht das jetzige Gehalt nicht Ihren Vorstellungen? Oder reizt Sie bei uns insbesondere das internationale Umfeld?“

Die meisten Menschen gehen automatisch davon aus, dass sie sich bei einer Alternativfrage entweder für die eine oder für die andere Antwortmöglichkeit entscheiden müssen. Das ist nicht der Fall! Es kann noch hundert andere Antwortmöglichkeiten geben, welche die Sachlage besser treffen würden, die aber vom Fragenden nicht aufgezählt wurden. Nur aufgrund der Tatsache, dass Ihnen lediglich zwei Alternativen (Gehalt oder internationales Umfeld) angeboten wurden, müssen diese noch nicht der Weisheit letzter Schluss sein.

Passen Sie bei Alternativfragen genau auf, dass man Ihnen keine Fangfragen stellt. Antworten Sie nicht übereilt und entscheiden Sie sich nur für eine der vorgegebenen Alternativen, wenn diese wirklich Ihrer Überzeugung entspricht.

Suggestive Fragen

Suggestivfragen sind Fragen, welche die Antworten gleich mitliefern. Was sich auf den ersten Blick praktisch anhört, kann sich zur Falle entwickeln. Zum Beispiel: „Wir sind der Meinung, dass jeder einmal klein anfangen muss. Sie vertreten doch sicherlich auch die Auffassung, dass ein neuer Mitarbeiter zunächst zeigen muss, was in ihm steckt, bevor er mit einem unbefristeten Arbeitsvertrag rechnen kann?“

Typische Fragearten im Vorstellungsgespräch

Offene Fragen

Die offenen Warum- und Weshalb-Fragen nutzt der Personaler gern dazu, den Hintergrund des Bewerbers näher zu beleuchten.

Der Dialog wird gefördert, weil hier eine einsilbige „Ja/Nein"-Antwort nicht möglich ist. Die meisten der folgenden Beispiele gehören in die Kategorie der offenen Fragen.

Geschlossene Fragen

Geschlossene Fragen werden eingesetzt, um Dinge endgültig zu klären: „Ist unser Angebot für Sie von Interesse?" Zu den geschlossenen Fragen gehören daher meist auch Kontrollfragen: Eine Bestätigungs- oder Kontrollfrage stellt der Interviewer dann, wenn er am Wahrheitsgehalt der Bewerberantwort zweifelt. Gern wird die gleiche Frage sinngemäß zu einem späteren Zeitpunkt erneut gestellt. So kann der Personaler dann überprüfen, ob Sie bei Ihrer Aussage bleiben. Kontrollfragen werden auch eingesetzt, um die Aufmerksamkeit des Bewerbers auf die Probe zu stellen.

Mehrfachfragen

Mehrfachfragen sind Fragen, die mehrere Aussagen in einem langen Fragesatz zusammenfassen oder mehrere Fragen hintereinanderschalten. Diese Fragen erfordern von Ihnen eine hohe Konzentration und stellen Ihre Merkfähigkeit in besonderem Maß auf die Probe.

z.B.

„Herr Jäger, Ihren Unterlagen kann ich entnehmen, dass Sie als Außendienstmitarbeiter nicht nur bundesweit, sondern auch in Südeuropa unterwegs waren. Sie leiden ja dann sicher nicht unter Flugangst, oder? Wie Sie wissen, legen wir großen Wert auf Flexibilität. Sehen Sie Probleme, auch die nordischen Länder zu betreuen? Oder würden Sie aufgrund Ihrer Spanischkenntnisse lieber das Vertretungsgebiet in Südamerika übernehmen?"

Ein weiteres Beispiel: „Weshalb haben Sie sich auf diese Stelle beworben? Welche berufliche Erfahrung können Sie einbringen? Wie stellen Sie sich Ihre zukünftige Tätigkeit vor? Und welche beruflichen Ziele verfolgen Sie?"

Lassen Sie sich von Fragebatterien nicht verwirren! Beschränken Sie sich auf die Beantwortung von Teilfragen und suchen Sie sich zuerst die für Sie angenehmste Fragestellung aus beziehungsweise die Frage, auf die Sie am besten vorbereitet sind.

Situative Fragen

Situative Fragen zielen auf eine konkrete Situation in der Vergangenheit ab. Dabei werden Sie als Bewerber nach Ihrem Verhalten in einer bereits erlebten Situation befragt.

z.B.

- „In welcher Situation mussten Sie sich als Teamleiter durchsetzen?"
- „Wie haben Sie sich in dieser Situation verhalten?"
- „Welches Ergebnis haben Sie erreicht?"

Provokative Fragen

Provokative Fragen sind Standardfragestellungen im Stressinterview. Der Personaler möchte Sie mit seiner Frage aus der Reserve locken. Wenn Sie aggressiv oder beleidigt reagieren oder im gleichen Tenor antworten, haben Sie Ihre Chance schon verspielt. Eine provokante oder allzu schlagfertige Antwort könnte eine weitere provokative Frage nach sich ziehen. Wahren Sie Ihre Souveränität und lassen Sie sich nicht aus der Ruhe bringen.

Hypothetische Fragen

Vorsicht: Hypothetische Fragen führen Sie schnell aufs Glatteis und sind beliebte Fangfragen. Durch die entsprechende Frage werden Sie dazu angeregt, der Realität den Rücken zu kehren und sich in eine „Was wäre, wenn …"-Situation zu bringen. Sie mögen womöglich denken, dass der Personaler Ihre Kreativität testen möchte, und setzen Ihrer Fantasie keine Grenzen. Der Personaler dagegen überlegt sich, ob der Job für Sie womöglich nur eine Notlösung ist.

z.B.

- „Welchen alternativen Lebensplan könnten Sie sich vorstellen?"
- „Wenn Sie Ihren Wunschjob selbst kreieren würden, wie sähe dieser aus?"

Übrigens: Man geht davon aus, dass hypothetische Fragen das wahre Gesicht eines Bewerbers offenbaren. Wenn Sie nichts zu verbergen haben, ist das für Sie natürlich kein Problem!

Suggestive Fragen

Mit suggestiven Fragen wird die Einschätzung des Personalers in Worte gefasst und dem Bewerber in den Mund gelegt. Zum Beispiel: „Sie arbeiten doch sicher lieber im Team wie die meisten anderen auch, oder?"
Wenn Alternativen genannt werden, so entspricht meist nur eine davon der Vermutung des Personalers. Nun wartet er ab, für welche Alternative Sie sich entscheiden. Geben Sie der getarnten Vermutung den Zuschlag, ist sich Ihr Gesprächspartner seiner Sache sicher – ob im Guten oder Schlechten, bleibt dabei offen.

z.B.

- „Arbeiten Sie in kreativen Prozessen eher allein oder im Team?"
- „Unterstützen Sie als Finisher gern ein Projekt bis zur Umsetzung oder sehen Sie sich als kreativer Kopf dahinter, der neue Ideen anstößt?"

Selbsteinschätzungsfragen

Mit Fragen zur Selbsteinschätzung soll der Bewerber sein Selbstbewusstsein und seine Selbsterkenntnis unter Beweis stellen.

z.B.

- „Wo liegen Ihre Stärken in diesem Bereich?"
- „Woraus schließen Sie, dass Sie eine gute Führungskraft sind?"
- „Warum sollten wir gerade Sie einstellen?"
- „Was spricht gegen Ihre Einstellung?"

Triadische Fragen

Über triadische Fragen werden nicht anwesende Dritte in das Gespräch einbezogen, so zum Beispiel Lebenspartner, Freunde, Kollegen oder Vorgesetzte. Der Bewerber soll nun darüber nachdenken, wie ihn Dritte charakterisieren würden.

- ❑ „Wie würde Ihr Vorgesetzter Ihre Leistungen beurteilen?"
- ❑ „Woran merken Ihre Kollegen, dass Sie ein guter Teamplayer sind?"
- ❑ „Mit welchen Worten würde Ihr Lebenspartner Ihren beruflichen Werdegang charakterisieren?"

Spiegelfragen

Ähnlich wie in der suggestiven Frage spiegelt der Personaler den Eindruck, den er von Ihnen gewonnen hat. Anders als in Suggestivfragen spricht er seine Einschätzung in Spiegelfragen offen an. Ihre Aufgabe ist, zu dieser Aussage Stellung zu nehmen, um entweder den Eindruck zu bestätigen oder ihn zu widerlegen.

z.B.

- ❑ „Meiner Einschätzung nach verfügen Sie über Projektmanagement-Kenntnisse aus reinem ‚Learning by doing'. Liege ich damit richtig?"
- ❑ „Ich habe den Eindruck, dass es neben Ihrem Wunsch nach einem internationalen Umfeld zwischenmenschliche Gründe gibt, weshalb Sie Ihr jetziges Unternehmen verlassen möchten. Habe ich Recht?"

Unterschiedsfragen

Gern wird ein Bewerber im Vorstellungsgespräch nach dem gefragt, was den berühmten Unterschied ausmacht. Häufig werden dafür Vergleiche gezogen und darauf geachtet, wie hoch Ihre Auffassungsgabe ist und ob Sie über ein realistisches Bild vom neuen Job verfügen.

z.B.

- „Was wird in dem neuen Job anders sein als bei Ihrer jetzigen Stelle?"
- „Welche neuen Erkenntnisse über unser Unternehmen haben Sie dank unseres Gesprächs gewonnen?"
- „Was macht Ihrer Meinung nach den Unterschied zwischen guten und hervorragenden Mitarbeitern aus?"

Unzulässige Fragen

Im Vorstellungsgespräch sind grundsätzlich alle Fragen unzulässig, die den Privatbereich des Bewerbers betreffen und nichts mit der eigentlichen Aufgabe zu tun haben. Hintergrund ist der Schutz des Persönlichkeitsrechts und das Recht auf Gleichbehandlung. Nach dem Allgemeinen Gleichbehandlungsgesetz (AGG) darf niemand aufgrund seiner ethnischen Herkunft, des Geschlechts, der Religion, der Weltanschauung, der sexuellen Identität, einer Behinderung oder aufgrund seines Alters benachteiligt werden. Wer nun allerdings glaubt, dass deshalb von keinem Personaler mehr die Klassikerfrage „Sind Sie schwanger?" gestellt wird, liegt mit dieser Einschätzung falsch. Ob aus Unwissenheit des Personalers oder aufgrund von besonderem Interesse an Ihrer Person – rechnen Sie besser mit unerlaubten Fragen und überlegen Sie sich vorab genau, wie Sie damit umgehen möchten. Offiziell dürfen Sie auf diese Fragen mit einer Notlüge reagieren oder die Antwort verweigern. Ob Sie sich damit wirklich einen Gefallen tun, bleibt abzuwarten …
Generell unzulässig sind Fragen nach

- privaten Plänen (zum Beispiel Heirat, Familienplanung),
- Schwangerschaft,
- Gesundheit beziehungsweise Krankheit beziehungsweise Behinderung,
- Beruf des Lebenspartners, der Eltern, Geschwister etc.,
- Gewerkschafts-, Partei- oder Religionszugehörigkeit,
- Austritts- und Kündigungsgrund im früheren Unternehmen,

- öffentlichen Ämtern und Ehrenämtern,
- Mitgliedschaft in Vereinen und Verbänden,
- privaten Vermögensverhältnissen,
- Vorstrafen,
- früheren Arbeitsvergütungen (weil diese dazu dienen könnten, Lohnansprüche des Bewerbers zu senken).

Ausnahmen bestätigen jedoch die Regel: Fragen nach Privatsphäre, Konfession, Partei, Schwangerschaft und Vorstrafen können zulässig sein, wenn sie in unmittelbarem Zusammenhang mit der zu besetzenden Stelle stehen:

- Eine Mitarbeiterin bei einer kirchlichen Organisation muss mit der Frage nach ihrer Religionszugehörigkeit rechnen und diese dann auch wahrheitsgemäß beantworten.
- Wenn Sie sich um eine Vertrauensposition oder bei einer Bank bewerben, ist die Frage nach Vorstrafen oder die Bitte um Vorlage eines polizeilichen Führungszeugnisses erlaubt.
- Eine Schwangere muss ihren Umstand dann offenlegen, wenn eine Beschäftigung auf der neu zu besetzenden Stelle aufgrund des Mutterschutzgesetzes nicht zulässig ist. Ein mutterschutzrechtliches Beschäftigungsverbot besteht zum Beispiel bei Infektionsgefahr, bei schwerer körperlicher Arbeit, bei Kontakt mit gesundheitsgefährdenden Stoffen und bei Tätigkeiten mit erhöhter Unfallgefahr.
- Frühere Vergütungen sind dann fragwürdig, wenn die Vergütung Rückschlüsse auf die damit einhergehende Verantwortung zulässt, was für die neue Position von Bedeutung ist.
- Behindert oder beeinträchtigt Ihre Krankheit die Ausübung Ihrer beruflichen Tätigkeit, mindert sie Ihre Leistungs- und Einsatzfähigkeit auf dem vorgesehenen Arbeitsplatz oder gefährdet sie Personen im beruflichen Umfeld wie zum Beispiel Kollegen, Kunden, Patienten usw., haben Sie gegenüber Ihrem zukünftigen Arbeitgeber eine Offenbarungspflicht. Auch eine akute oder ansteckende Krankheit dürfen Sie keinesfalls

verschweigen und müssen die Frage des Personalers wahrheitsgemäß beantworten. Nach einer HIV-Infektion darf im Allgemeinen nicht gefragt werden, da es sich bei einer Infektion (noch) nicht um eine Krankheit handelt.

- Die Frage nach Behinderungen ist nur dann zulässig, wenn sie einen konkreten Bezug zum zukünftigen Arbeitsplatz hat. Die Frage nach einer Schwerbehinderung ist in Fällen zulässig und wahrheitsgemäß zu beantworten, in denen der Arbeitgeber aufgrund des arbeitsplatzbezogenen Anforderungsprofils ein besonderes Informationsbedürfnis hat.

Nichtsdestoweniger können sich viele Personaler Fragen nach dem Beruf des Lebenspartners oder Kinderplänen nicht verkneifen, obwohl kein Zusammenhang mit der zu besetzenden Stelle besteht und die Frage daher unzulässig ist. In diesen Fällen gilt, dass der Bewerber das Recht zur Lüge beziehungsweise das Recht zur Nichtbeantwortung hat. Unzulässige Fragen dürfen auch mit der Unwahrheit beantwortet werden, ohne dass der Bewerber rechtliche Konsequenzen wie zum Beispiel Schadensersatz zu befürchten hat. Der Bewerber ist somit vor der wahrheitsgemäßen Antwort auf Fragen nach Schwangerschaft, Gewerkschafts-, Partei- oder Religionszugehörigkeit usw. geschützt. Bewerber, die mit derart unzulässigen Fragen konfrontiert werden, haben also offiziell das „Recht zur Lüge“. Auch können sie die Antwort auf eine solche Frage verweigern.
Und wie argumentieren Sie im Vorstellungsgespräch, wenn der Personaler auf eine Lücke im Lebenslauf zu sprechen kommt, deren Ursache – wie nur Sie wissen – Krankheit oder Sucht war? Legen Sie sich eine schlüssige Argumentation zurecht, mit der Sie die Lücke erklären können. Weiterbildung, Auslandsaufenthalte, Familienphase, Selbstständigkeit oder berufliche Neuorientierung eignen sich durchaus zum Kaschieren. Doch bedenken Sie, wenn Sie mit einer konstruierten Geschichte die Lücke erklären wollen, dass Personaler nachfragen, nachhaken, nachprüfen und Ihre Aussagen abklopfen … Lügen haben bekanntermaßen kurze Beine und holen Sie schneller ein, als Sie ahnen.

Umgang mit unzulässigen Fragen

Die Frage ist, ob Sie sich einen Gefallen damit tun, den Personaler damit zu konfrontieren, dass er Ihnen eine unzulässige Frage gestellt hat, die Antwort zu verweigern oder schlichtweg zu lügen. Sie wissen nun, dass solche Fragen vorkommen, und können vorher überlegen, wie Sie damit umgehen wollen. Grundsätzlich stecken auch in diesen unerlaubten Fragen Chancen für den Bewerber. Wird ein Mann (unerlaubterweise) gefragt, ob er Familie hat, kann er mit einem „Nein" ins Schleudern kommen, weil mit dieser Antwort mangelnde Verantwortungsbereitschaft verknüpft wird. Besser ist eine ausweichende Antwort, die Ihren Gesprächspartner zufrieden stellt und Ihnen keine Steine in den Weg legt. Unzulässige Fragen sind nämlich meist nicht das Ergebnis von Unwissenheit oder mangelnder Sensibiliät, sondern zeugen von Interesse an Ihrer Person. Und Interesse an Ihrer Person hat nur, wer sich vorstellen kann, dass Sie der passende Kandidat für die zu besetzende Stelle sind. Dafür möchte man Sie mit allen Fassetten näher kennenlernen. Eine unzulässige Frage ist daher selten ein Zeichen von mangelnder Wertschätzung oder Diskriminierung – im Gegenteil. Unserer Meinung nach sollten Sie sich von eigentlich unzulässigen Fragen nicht aus der Bahn werfen lassen, sondern souverän und freundlich damit umgehen. Das bedeutet, eben nicht die Antwort zu verweigern, sondern dem Wunsch nachzukommen, Sie etwas näher kennenzulernen – zumindest vermeintlich. Denn ob Ihre Antwort wirklich der vollen Wahrheit entspricht, wissen nur Sie selbst.

Interview: Warum die Realität manchmal anders aussieht

Seit 1996 beraten wir Nachwuchsfach- und -führungskräfte bei ihrer Karriereplanung und entwickeln für diese Kandidaten passgenaue sowie individuelle Bewerbungsstrategien. Im Zuge dessen sind schon mehrere tausend Bewerbungen über unsere Schreibtische gewandert – vom Ingenieur über die Assistentin bis hin zum Geisteswissenschaftler. Aus unseren persönlichen Gesprächen mit diesen Kandidaten wissen wir, dass in Bewerbungsgesprächen nicht immer das gefragt wird, was gefragt werden sollte. Zum Beispiel ist unter Personalern und Bewerbern hinreichend bekannt, dass die Frage nach dem Kinderwunsch in Vorstellungsgesprächen nichts zu suchen hat – gestellt wird sie aber trotzdem ... Das Interview mit einer Bewerberin gibt Aufschluss über die Fragen, die nicht gestellt werden dürfen und auf die sie sich trotzdem vorbereiten sollten.

z.B.

1. Welche Fragen fielen aus dem erwarteten Rahmen eines Vorstellungsgesprächs?

Ich finde es immer wieder interessant, dass man mich im Vorstellungsgespräch über meinen Mann ausfragt. So wurde mir zum Beispiel regelmäßig die Frage gestellt: „Und was macht Ihr Mann beruflich?"

2. Wurden Ihnen im Vorstellungsgespräch schon einmal unerlaubte Fragen gestellt? Wenn ja, welche?

Ja, der Arbeitgeber hat mich gefragt, wie es denn mit der Familienplanung aussähe, und lieferte die Begründung für seine Frage gleich mit: „Denn ich habe ein sehr fruchtbares Vorzimmer." Ich war total perplex und überhaupt nicht vorbereitet, denn ich dachte, solche Fragen seien tabu. Meine Antwort lautete: Da mein Mann und ich uns noch nicht so lange kennen und erst ein Jahr verheiratet sind, ist das Kinderthema für uns zurzeit kein so brennendes Thema ...

3. Wie haben Sie sich auf Vorstellungsgespräche vorbereitet?

Ich habe mich zuerst per Internet über die Firma schlau gemacht und mir Stichwörter aufgeschrieben. Darüber hinaus habe ich einen Bewerbungsratgeber zum Thema durchgelesen und mir einige Tipps zu eigen gemacht. Als Kleidung habe ich mich für einen schwarzen Anzug, eine weiße Bluse und für schlichten Schmuck entschieden. Zudem habe ich mir noch einige Dinge überlegt, falls ich gefragt werde: „Haben Sie noch Fragen?"

4. Gibt es noch etwas, das Sie in Gesprächen schwierig fanden?

Die Erklärung meiner Situation fand ich nicht ganz einfach. Ich habe dann einfach wahrheitsgemäß gesagt, dass ich im Moment in Teilzeit arbeite und auf der Suche nach einer Vollzeitbeschäftigung bin. Schwierig finde ich es, gefragt zu werden: „Haben Sie noch Fragen?" Da sollte man sich wirklich im Vorfeld Gedanken machen.

5 Mit bildhafter Sprache überzeugen

Keine Frage ist so schwierig zu beantworten wie diejenige, deren Antwort offensichtlich ist.
George Bernard Shaw

Erinnern Sie sich noch, dass der amerikanische Football-Spieler O. J. Simpson 1994 angeklagt war, seine Frau ermordet zu haben? Erinnern Sie sich auch noch daran, dass er es schaffte, mit einem einzigen Satz seinen Kopf aus der Schlinge zu ziehen und freigesprochen zu werden? Vielleicht mag es auf den ersten Blick ungewöhnlich erscheinen, dass wir diese Geschichte hier als Beispiel anführen. Auf den zweiten Blick ist es naheliegend, denn kaum ein anderes Ereignis verdeutlicht besser, wie mächtig bildhafte Sprache ist:

Die Macht bildhafter Sprache

z.B.

„O. J. Simpson ist ein berühmter Football-Spieler. Er ist angeklagt, seine Frau ermordet zu haben. Jeder glaubt daran, dass er es getan hat. Außer er selbst.
Der Staatsanwalt hat Tonnen von Beweismitteln gefunden. Zeugen sagen glaubhaft aus, dass O. J. Simpson jahrelang seine Frau verprügelt hat. Er ist deshalb von Nachbarn immer wieder bei der Polizei angezeigt worden. Die Polizei kam sogar vorbei, um ihn verschiedenste Male zu verhaften und einzusperren. Der Staatsanwalt zeigt Bildmaterial des misshandelten Gesichts seiner Frau. Es gibt Briefe, in denen sie geschrieben hat: ‚Er wird mich umbringen, und wenn ich sterben sollte, war er es.‘ Und es gibt jede Menge DNA-Beweise, dass es sein Blut war an ihren Verletzungen.

Der Prozess läuft im Fernsehen. Er dauert ewig. Die Medien sind sich hundertprozentig sicher: O. J. Simpson ist schuldig.
Aber wie sehen das die Geschworenen? Die Jury? Es ist Teil des amerikanischen Rechtswesens, dass die Jury von der öffentlichen Meinung abgeschottet ist, keine Informationen hat, keine Zeitungen lesen kann, keiner Medienbeeinflussung ausgesetzt ist.
Wir kommen zu der Schlüsselszene im Prozess. Da gibt es einen Handschuh, der gefunden wurde, den zweifelsfrei der Mörder getragen hat. Der Handschuh ist voll mit Blut – mit O. J. Simpsons Blut, aber auch mit dem Blut anderer. Und der Ankläger sagt: ‚Das ist O. J.'s Blut, er hat diesen Handschuh getragen und daher ist er schuldig.' Und O. J. sagt: ‚Das ist gar nicht mein Handschuh, ich hab' den noch nie gesehen, der gehört jemand anderem, nicht mir.' Da verliert der Staatsanwalt für einen kurzen Moment die Fassung. Er zuckt vor Wut und sagt: ‚Euer Ehren, lassen Sie ihn diesen Handschuh jetzt anziehen.'
Jeder andere Anwalt in Amerika hätte das zu verhindern versucht. Nicht so O. J.'s Anwalt. Er willigte ein. Zuerst kriegt O. J. einen Operationshandschuh aus Gummi übergestreift, dann geben sie ihm besagten Handschuh. Wie erwähnt, der Prozess dauert schon ein ganzes Jahr. Der Handschuh war nicht lange blutgetränkt. Er hat seitdem in einem staubigen Kellerverschlag in einer Schachtel gelegen. Das Leder ist zu diesem Zeitpunkt trocken, brüchig, eingelaufen. O. J. nimmt also den Handschuh und versucht ihn anzuziehen. Aber er schafft es nicht, den Handschuh wirklich anzuziehen. Er dreht sich zu den Geschworenen um und sagt: ‚Das geht gar nicht, ich kann den gar nicht anziehen, der Handschuh passt mir nicht. Viel zu klein.' Und nun steht sein Anwalt, John Copland, auf, dreht sich ebenfalls zu den Geschworenen. Schaut jedem einzelnen ins Gesicht und sagt: ‚If the glove doesn't fit – You have to quit.' Und tatsächlich sprechen sie ihn frei.
Nach dem Prozess versammeln sich die Medien außerhalb des Gerichtsgebäudes. Sie warten darauf, dass die Geschworenen endlich herauskommen und dass sie mit ihnen sprechen dürfen. Der erste Geschworene kommt heraus und stellt sich vor das Mikrofon. Der Reporter sagt: ‚Sie haben doch so viele Beweismaterialien gehabt, so lange Zeit, sich das alles anzuschauen, wie ist es möglich, dass Sie ihn freisprechen konnten?' Der Geschworene sagt: ‚Um das haben wir uns eigentlich überhaupt nicht mehr gekümmert.' Und der Reporter fragt: ‚Warum nicht?' Und der Ge-

Geschworene dreht sich zur Kamera und sagt: ‚If the glove doesn't fit – You have to quit. Wissen Sie, das hat uns einfach überzeugt.'"[11]

Wie kommt es nun, dass der Geschworene sich ausgerechnet diesen einen Satz gemerkt und vor den Medien eins zu eins wiedergegeben hat? Woran liegt es, dass wir uns manche Worte auf Anhieb merken und andere sofort wieder vergessen?[12]

Machen wir einen kleinen Ausflug in unser Gehirn: Bis vor ein paar Jahren dachte man, dass unsere beiden Gehirnhälften getrennt voneinander arbeiten würden. Die rechte Seite ist für die Bilder und Emotionen zuständig, die linke Seite für Wissen und Logik. Die rechte Seite befähigt zum visuellen Denken und zur Körpersprache und speichert Erfahrungen, Erlebnisse und Personen ab. Die linke Seite beinhaltet unser Wörterbuch, befähigt zum Lesen, zum Organisieren, zur Planung und merkt sich Abkürzungen, Zeichen oder Symbole. Heute geht man im Gegensatz zu früheren Zeiten davon aus, dass wir mit beiden Gehirnhälften vernetzt denken. Die Frage ist nur, ob beide Seiten „gleichberechtigt" agieren. Nein: Die linke, rationale Gehirnhälfte hinkt der rechten, emotionalen Gehirnhälfte etwa fünf Sekunden hinterher. Gemünzt auf das Vorstellungsgespräch bedeutet das, dass die emotionale Seite schon entschieden hat, ob der Kandidat sympathisch und geeignet ist, bevor die rationale Seite zu bedenken gibt, dass seine Gehaltsvorstellungen ein wenig zu hoch sind. Das bedeutet aber keineswegs, dass ein Personaler nur auf der emotionalen Ebene angesprochen werden sollte:

Informationen können dann am besten abgespeichert werden, wenn beide Gehirnhälften angesprochen werden. Idealerweise kann sich der Gesprächspartner vom Gesagten ein Bild machen. Wer sich dagegen hauptsächlich durch abstrakte Worte ausdrückt, wird nur schwer verstanden. Zudem lassen abstrakte Worte Interpretationen zu und bergen somit die Gefahr von Missverständnissen. Abstrakte Worte sind der häufigste Grund für Kon-

---

12 Armin Reins, *Corporate Language*, Seite 20 f.

flikte und Streitereien. Abstrakte Worte sind nicht nur Fremdworte. Auch Begriffe wie innovativ, optimal, perfekt, etwas, ein bisschen, lernen, kennen, motivieren, wollen, wissen oder projektbezogen sind interpretationsfähig und nur schwer zu verstehen.

Das Wahrnehmungssystem

Der Mensch kann auf fünf verschiedene Arten wahrnehmen:

1. visuell (durch das Sehen)
2. auditiv (durch das Hören)
3. kinästhetisch (durch das Fühlen)
4. olfaktorisch (durch das Riechen)
5. gustatorisch (durch das Schmecken)

Die von den meisten Menschen primär genutzten Wahrnehmungskanäle sind visuell, auditiv oder kinästhetisch. Zirka drei Viertel aller Menschen bevorzugen sogar die visuelle Wahrnehmung als erste Anlaufstation. Welchen Wahrnehmungskanal jemand bevorzugt, kann man an seiner Wortwahl erkennen und ihn in der Folge mit entsprechenden Redewendungen umso treffender ansprechen.

Visuell wahrgenommen werden die folgenden Worte: Man glaubt, was man sieht …, wenn ich mich so umsehe …, tadelloses äußeres Erscheinungsbild …, genau hinsehen …, erkennen …, erscheinen …, betrachten …, sich vorstellen …, vorausschauend sein …, weitsichtig sein …, wahrnehmen …, Klarheit …, offensichtlich …, Licht ins Dunkel bringen …, glänzende Zukunft …, das ist mir klar …, sich vor Augen führen …, sich etwas näher ansehen …, etwas einleuchtend finden ...
Wer auditiv veranlagt ist, kann die folgenden Redewendungen sofort an- und aufnehmen: etwas abklopfen …, anklingen lassen …, betonen …, einstimmen …, harmonisch …, hörbar …, Hörensagen …, sozusagen …, übereinstimmen …, zuhören …, überzeu-

gend klingen ..., große Nachfrage ..., ich frage mich ..., das klingt vernünftig ..., etwas erläutern ...
Wer kinästhetisch wahrnimmt, den sprechen die folgenden Redewendungen an: abgrenzen ..., anmuten ..., aufgreifen ..., annehmen ..., berühren ..., beeindrucken ..., erleben ..., sich bilden ..., voll ..., handeln ..., enthalten ..., festmachen ..., Kontakt ..., etwas auf dem Herzen haben ..., mit beiden Beinen im Leben stehen ..., aus der Haut fahren ..., die Fäden ziehen ..., Hals über Kopf ..., den Eindruck haben ..., das Eis brechen ...

Das Geheimnis guter Kommunikation ist nicht nur, was Sie sagen, sondern auch wie Sie es sagen. Machen Sie sich visuelle, auditive und kinästhetische Redewendungen zu eigen und verwenden Sie diese im Vorstellungsgespräch. Achten Sie darauf, dass sich Ihr Gegenüber von Ihren Erzählungen ein Bild machen kann. Gerade in sachlichen Gesprächen neigen wir dazu, mehr abstrakte Worte zu verwenden, weil wir das professionell finden. Ein Fehler! Wer davon spricht, „bemerkenswerte Projektmanagement-Kompetenz in diversen Prozessen bewiesen" zu haben, hat schlechtere Karten als derjenige, der „dank ansehnlicher Projektmanagement-Kenntnisse Licht ins Dunkel bringen konnte". Zudem sind abstrakte Begriffe die beste Garantie für Missverständnisse und somit auch der Auslöser für Fangfragen. Bringen Sie – im Gegensatz zu Ihren Mitbewerbern – Farbe ins Spiel und in Ihre Sprache. Knüpfen Sie an positive Erlebnisse an. Schaffen Sie Bilder, erzeugen Sie Klänge und erwecken Sie Gefühle. Das macht das Gesagte lebendig, glaubwürdig und verständlich und lässt Sie in Erinnerung bleiben.

Ein paar Worte zu Dialekt, Jargon und Aussprache

Oft werden wir gefragt, ob Dialekt etwas „Schlechtes" sei. Manche Bewerber fragen sich, ob die Färbung ihrer Sprache, die sie als Schwaben, Bayern, Sachsen oder Berliner outet, sich im Vorstellungsgespräch nachteilig auswirkt. Unsere Antwort darauf lautet: Nur Profisprecher, Schauspieler und Nachrichtensprecher sprechen ein astreines Deutsch. Gegen eine Färbung Ihrer Sprache spricht nichts, sofern Sie sich nicht in diesen Berufen bewerben möchten. Der Dialekt kann sogar hilfreich sein, wenn Sie zum Beispiel als Außendienstmitarbeiter Kunden auf dem Land besuchen. Dort erweckt der Dialekt Vertrauen und vermittelt Echtheit sowie Originalität. Das entbindet Sie aber natürlich nicht von der Verpflichtung, Ihre Sprache zu kultivieren und zu pflegen. Bekanntermaßen sind es aber nicht Fremdwörter, die Sie als intelligent oder gebildet dastehen lassen. Vielmehr sollten Sie sich bewusst mit dem Reichtum der deutschen Sprache mit ihren Verben, Adjektiven und Substantiven beschäftigen, um sich auszudrücken, verständlich zu machen und um andere für sich zu gewinnen.

Der interessanteste Inhalt kann zur Geduldsprobe werden, wenn er als monotones, eintöniges Gedudel aus dem Gesprächspartner sprudelt. Erst recht keine gute Idee, wenn Sie im Vorstellungsgespräch die ungeteilte Aufmerksamkeit und Konzentration Ihres Gegenübers bekommen möchten. Artikulieren Sie daher deutlich und verständlich, setzen Sie Akzente und meiden Sie die berüchtigten „Ähhhs" als Pausenfüller. Seien Sie sich dessen bewusst, dass Sie bei Nervosität schneller sprechen als gewöhnlich. Achten Sie daher im Vorstellungsgespräch darauf, nicht gehetzt und zu schnell zu reden.

Auch wenn Sie in Ihrem Sprachgebrauch selbstverständlich Umgangssprache, Mode- und Szenewörter benutzen, in Ihrer Freizeit gern chillen, coole Locations bevorzugen, viele hippe Szene-People kennen und fett in Urlaub fahren, sollten Sie das Ihrem Gesprächspartner mit passenderen Worten übermitteln.

Anders verhält es sich mit Fachjargon, also Fachvokabular und -begriffen, die in einer Branche selbstverständlich sind und von Unwissenden gern als „Fachchinesisch" abgetan werden. Experten eines bestimmten Fachgebietes werden von Laien oft nicht verstanden, weshalb man eine Fachsprache eben auch als „Fachlatein" bezeichnet.

Anglizismen wie „E-Mail“, „Meeting“ und „Date“ gehören heute zu unserem Standardvokabular. In diesem Fall sollten Sie nicht zum Sprachpuristen werden, indem Sie Fremdwörter durch deutsche Wörter ersetzen. Ein völlig fremdwortarmes Deutsch ist schwer umsetzbar. Oder fällt Ihnen spontan ein deutsches Wort für E-Mail, Internet, Browser, Laptop oder Soft Skills ein? Vorsicht: Überflüssige Amerikanismen, Begriffe aus einer Szenesprache und jede Art flapsiger Bemerkungen werden Ihnen keine Pluspunkte einbringen! Vermeiden Sie eine verworrene Sprechweise oder gar Kauderwelsch.

6 Typische Fangfragen

Einmal ehrlich: Warum sind Sie wirklich hier?
Amy Taylor

Im Folgenden finden Sie einige typische Fangfragen zum Vorstellungsgespräch – und einige untypisch gute Antworten. Untypisch deshalb, weil sich die meisten Bewerber schwer damit tun, auf entsprechende Fragen überzeugend zu antworten. Dabei ist das nicht schwer, wenn man den roten Faden in solchen Gesprächen einmal verstanden hat. Letzten Endes ist ein Vorstellungsgespräch mit Judo zu vergleichen. Sympathisch und charmant können Sie selbst schwierige Fragen beantworten und sich aus einer Klemme befreien. Das gelingt Ihnen insbesondere dann, wenn Sie erkennen, welche Frage hinter der ausgesprochenen Frage des Personalers steckt.

Sie haben es also geschafft – Sie haben die Hürde der Vorauswahl genommen und wurden zu einem Vorstellungsgespräch eingeladen. Sie sind Ihrem Ziel „Traumjob" näher gekommen, aber noch lange nicht im sicheren Hafen. In der nächsten Runde wird es darauf ankommen, dass Sie auf ganzer Linie überzeugen: präsentieren, argumentieren, diskutieren, brillieren. Als Bewerber müssen Sie alles über den zukünftigen Arbeitsplatz wissen und Ihren Gesprächspartner davon überzeugen, dass Sie der richtige Kandidat sind.

It's Showtime – jetzt heißt es, einen bleibenden Eindruck zu hinterlassen! Doch Sie haben es mit einem kritischen Publikum zu tun: Ihre Gesprächspartner werden Sie auf eine harte Probe stellen und versuchen, Sie mit überraschenden oder fiesen Fragen aus dem Gleichgewicht zu bringen. Fies erscheinen die Fragen deshalb, weil Ihnen der wahre Hintergrund der Frage nicht auf den ersten Blick

ersichtlich ist. Was antworten Sie zum Beispiel auf die einfach klingende Frage „Wie würden Sie eine Stecknadel im Heuhaufen suchen?“? Lesen Sie nicht weiter – was würden Sie spontan antworten? In der Regel fallen die Antworten sehr kompliziert aus und bieten Angriffsflächen für weitere Frageketten. Der ungeübte Bewerber denkt sich: „Oha, jetzt muss ich aufpassen! Diese Frage habe ich nie gehört, hier geht es bestimmt um meine Fähigkeit, vernetzt zu denken, Probleme zu analysieren, ein Team aufzubauen, zu führen und motivieren oder …“
Es könnte aber auch sein, dass Ihr Gesprächspartner Sie nur in eine Stresssituation bringen wollte und schon bald sein klassisches Interviewrepertoire zum Einsatz bringt. Gehen Sie davon aus, dass Personaler keine einstudierte Aufführung sehen wollen, sie sind auf der Suche nach dem Verborgenen. Sie suchen das, was man nicht direkt aus Ihren Bewerbungsunterlagen ersehen kann. Sie sind auf der Suche nach einem guten Gefühl. Haben sie kein gutes Gefühl, versuchen sie Ihnen mit Fangfragen auf die Schliche zu kommen. Je besser Sie auf alles vorbereitet sind, desto leichter wird es Ihnen fallen, rundum zu überzeugen.

Fragen zu Motiven der Bewerbung

„Warum sollten wir gerade Sie einstellen?“

Gewöhnliche Antwort: „Weil ich der richtige Kandidat für diese Stelle bin. Ich werde Sie nicht enttäuschen.“
Kommentar: Chance vertan! Es gibt Kandidaten und auch Bewerbungsratgeber, die diese Antwort für besonders schlagfertig oder witzig halten. Bedenken Sie aber, warum Sie in einem Vorstellungsgespräch sitzen: Sie wollen von sich überzeugen, sich optimal präsentieren und ein umfassendes Bild von der ausgeschriebenen Stelle und dem Unternehmen gewinnen. Diese Frage stellt eine hervorragende Chance für eine punktgenaue Zusammenfassung dar. Sollte diese Frage zum Ende des Gesprächs gestellt werden, so

ist dies für Sie noch besser, denn jetzt können Sie die wesentlichen Punkte Ihres Gesprächs in Ihre Antwort mit einfließen lassen und Ihre wesentlichen Vorzüge nachhaltig in Szene setzen.
Als cleverer Bewerber nutzen Sie die Gelegenheit und zeigen Ihrem Gesprächspartner auf souveräne Art und Weise, dass Sie wissen, worauf es wirklich ankommt und was Sie beruflich können. Zeigen Sie Ihre Qualifikation anhand von Beispielen noch einmal auf und betonen Sie, dass Sie sich auf die neue Aufgabe freuen und gern für dieses Unternehmen arbeiten würden.
Außergewöhnliche Antwort: (Pause) Antworten Sie nicht sofort, zeigen Sie Ihrem Gesprächspartner, dass er eine gute Frage gestellt hat, dass Sie einen Augenblick über diese Frage nachdenken müssen und keine vorgefertigte Antwort liefern. „Das ist eine gute Frage! Dank unseres Gesprächs habe ich jetzt ein viel präziseres Bild von den Anforderungen und diesem Unternehmen. Ich bin sicher, dass ich die umfassende und mehrjährige Erfahrung im Marketing mitbringe, die für diese Aufgabe von Bedeutung ist. Wir hatten ja bereits darüber gesprochen, dass ich auch bei meinem letzten Arbeitgeber an verschiedenen Produkteinführungen mitgewirkt habe und das Messegeschäft und die in solchen Phasen anfallende hohe Belastung sehr gut kenne. Jetzt suche ich eine neue Herausforderung, und wenn ich dann noch in einem dynamischen Team mitarbeiten und einen aktiven Beitrag zum Unternehmenserfolg beisteuern kann, bin ich hier richtig. Wenn ich Sie richtig verstanden habe, dann ist es genau das, was Sie suchen, stimmt's?"

To do

Ihre Antwort:

____

____

____

„Warum interessieren Sie sich besonders für die Automobilbranche?"

Gewöhnliche Antwort: „Autos wird es immer geben. Ein Arbeitsplatz in Ihrem Unternehmen garantiert mir Sicherheit und ein solides Umfeld. Sie wissen ja, dass das mittlerweile eine wichtige Komponente ist. Außerdem fahre ich schon seit Jahren Ihre Pkws und kann dann jetzt dabei bleiben, womöglich zu günstigen Konditionen."

Kommentar: Indem Sie den Aspekt eines sicheren Arbeitsplatzes als Hauptgrund für Ihr Interesse anführen, zeigen Sie wenig Risikobereitschaft. Dieses Bedürfnis nach Sicherheit kann schnell zum K.o.-Kriterium werden. Auch die Aussicht auf vergünstigten Einkauf ist kein Argument, sondern vielmehr eine erfreuliche Nebenerscheinung.

Außergewöhnliche Antwort: „Familienbedingt kam ich schon sehr früh mit der Automobilbranche in Berührung, mein Großvater und mein Onkel arbeiten in dieser Branche. Und da diese sehr innovativ ist und ich für mich sehr gute Entwicklungsmöglichkeiten sehe, habe ich mich bereits in der Ausbildung für diese Richtung entschieden."

To do

Ihre Antwort:

____

____

____

„Warum wollen Sie das Unternehmen, bei dem Sie derzeit arbeiten, verlassen?"

Gewöhnliche Antwort: „Wissen Sie, ich bin ein ehrlicher Mensch und muss Ihnen deshalb sagen, dass ich mit dem dort praktizierten Führungsstil sehr unzufrieden bin. Viele der Punkte, die man mir bei meiner Einstellung in Aussicht gestellt hatte, wurden einfach nicht eingehalten."

Kommentar: Diese Antwort öffnet weiteren Fragen Tür und Tor. Jetzt stehen Fragen nach dem für Sie idealen Führungsstil, Ihrer Fähigkeit, sich selbst zu motivieren, Ihrem Verhältnis zu Ihren Vorgesetzten usw. im Raum. Ob Sie da noch heil herauskommen? Vermitteln Sie niemals den Eindruck, Sie könnten Probleme mit ins Haus bringen! Schnell zeichnen Sie unbewusst ein ungünstiges Bild von sich, und wenn Ihr Gesprächspartner erst einmal denkt, dass Sie mit Vorgesetzten Schwierigkeiten haben oder Fehler am liebsten bei anderen suchen, ist Ihre Zeit als Spitzenkandidat schnell abgelaufen. Grundsätzlich sprechen Sie nie schlecht über Ihre bisherige Stelle, Ihren Arbeitgeber oder Ihre Kollegen. Zeigen Sie, dass Sie sich verändern wollen, und erwecken Sie nie den Eindruck, dass Sie sich verändern müssen. Nutzen Sie die Zeit für die Präsentation Ihrer Bewerbung und verschwenden Sie sie nicht für Negatives, was Ihnen nur schadet.

Außergewöhnliche Antwort: „Ich schätze meinen derzeitigen Arbeitgeber nach wie vor und bin sehr dankbar für die gute und vertrauensvolle Zusammenarbeit. In den vergangenen Monaten hat sich aber herausgestellt, dass meine internen Entwicklungsmöglichkeiten sehr begrenzt sind, und deshalb möchte ich mich neu orientieren. Das ist zwar schade, aber ich lasse deshalb den Kopf nicht hängen. Im Gegenteil: Ich habe mich dazu entschieden, meine Stärken und mein Können in einem anderen Umfeld einzusetzen. Ich möchte jetzt mit der Berufserfahrung, die ich gesammelt habe, eine neue Herausforderung annehmen."

To do

Ihre Antwort:

____

____

____

„Was spricht gegen Ihre Bewerbung?"

Gewöhnliche Antwort: „Ich bin sicher, dass ich der richtige Kandidat für Ihr Unternehmen bin. Ich bringe das erforderliche Know-how mit und verfüge über eine sehr umfassende Berufserfahrung. Wie Sie ja meinen Unterlagen entnehmen konnten, arbeite ich seit mehr als 15 Jahren in dieser Branche."
Kommentar: Lassen Sie sich nicht einschüchtern, aber antworten Sie auf alle Fälle auf die gestellte Frage. Zeigen Sie, dass Sie selbstbewusst sind und Ihre Vorzüge kennen. Gegen nahezu jeden Bewerber spricht irgendetwas. Warum sollte das bei Ihnen anders sein? Ihre Aufgabe besteht darin, Ihre Vorzüge und deren Nutzen zu präsentieren. Ganz ehrlich: Sie kennen die Mängel in Ihrer Bewerbung und Ihr Gesprächspartner kennt sie auch. Glauben Sie nicht, dass Punkte, die nicht ausdrücklich angesprochen würden, keine Rolle spielen. Im Gegenteil: Punkte, die nicht angesprochen wurden, können auch nicht entkräftet werden und stellen später oft ein K.o.-Kriterium dar.
Außergewöhnliche Antwort: „Das ist eine gute Frage. Hmm, ich würde sagen, dass mein Lebensalter auf den ersten Blick ein Handicap darstellen könnte. Manchmal verknüpft man damit Unflexibilität oder auch beschränkte Lernbereitschaft. Ich sehe in meinem Lebensalter eher einen Vorteil. Auf der einen Seite bringe ich viel Erfahrung mit, auf der anderen Seite habe ich aber auch gelernt, dass Erfahrung nur dann wertvoll ist, wenn sie in die jeweilige Situation passt. Ich bin bereit, mich auf etwas Neues einzulassen. Ich arbeite gern zusammen mit anderen Menschen und darüber hinaus lerne ich sehr gern. Ich freue mich auf neue Aufgaben oder Herausforderungen und ich bin sicher, dass dies Eigenschaften sind, die auch bei Ihnen im Unternehmen etwas gelten. Wenn ich jetzt so darüber nachdenke ... Ich würde mich einstellen!"

To do

Ihre Antwort:

____

____

____

„Warum möchten Sie gerade in unserem Unternehmen arbeiten?"

Gewöhnliche Antwort: „Ich habe im Internet und in der Zeitung viel über Ihr Unternehmen gelesen und im Moment nehmen Sie in allen wichtigen Rankings einen der vorderen Plätze ein. Zwei Freunde von mir arbeiten auch bei Ihnen und die haben schon oft gesagt, dass das Arbeiten hier richtig Spaß macht und Sie immer innovative Leute suchen."

Kommentar: Mit dieser Frage zielt Ihr Gesprächspartner auf Ihre Motivation. Er möchte wissen, wie stark Sie sich wirklich für den neuen Job und das Unternehmen interessieren. Es ist wirklich wichtig, dass Sie sich im Vorfeld über den Arbeitgeber informieren und Anknüpfungspunkte für Ihr Gespräch finden. Für Sie mag Sicherheit ein sehr wichtiger Aspekt sein, für den Personaler kommt es aber vorrangig darauf an, dass er die richtige Einstellungsentscheidung trifft. Jeder Personaler möchte hören, dass sein Unternehmen für Sie die erste Wahl bedeutet und dass Sie genau wissen, worauf Sie sich einlassen.

Außergewöhnliche Antwort: „Seit Längerem beobachte ich Ihr Unternehmen schon in den Printmedien und im Internet. Dabei ist mir immer wieder aufgefallen, dass Punkte wie Innovationskraft und Verlässlichkeit Werte sind, die immer besonders betont wurden. Das sind Punkte, die mich ganz besonders ansprechen. Nichts ist sicher, alles kann verbessert oder vereinfacht werden. Gerade als Techniker spricht mich diese Haltung besonders an. Ich mag es, wenn man sich nicht mit Mittelmäßigkeit zufriedengibt. Für mich ist das ein ganz besonderer Ansporn."

To do **Ihre Antwort:**

____

____

____

„Haben Sie sich auch bei anderen Unternehmen beworben?"

Gewöhnliche Antwort: „Ja, ich habe mich bei anderen Firmen beworben. Bei einigen sieht es ganz Erfolg versprechend aus; Absagen bekomme ich nur selten. Ich gehe davon aus, dass ich dort wie auch bei Ihnen in den kommenden Tagen Antwort erhalten werde."

Kommentar: Personaler wollen hören, dass ihr Unternehmen für Sie die erste Wahl ist. Sollten Sie den Eindruck erwecken, dass Sie Ihre Bewerbung nach dem Gießkannenprinzip versenden, verliert Ihre Bewerbung schlagartig an Attraktivität. Natürlich wissen Personaler, dass Bewerber sich bei verschiedenen Unternehmen bewerben (müssen), aber sie wollen es nicht hören. In diesem Fall kommt noch erschwerend hinzu, dass Ihnen bereits andere Unternehmen eine Absage erteilt haben und Sie wohl doch nicht erste Wahl sind. Erliegen Sie nie dem Versuch, sich selbst aufzuwerten, indem Sie andeuten, dass andere Unternehmen bereits hinter Ihnen her sind und es nur noch eine Frage der Zeit ist, wann Sie sich für den Wettbewerber entscheiden. Wie würden Sie reagieren, wenn man Ihnen sagte: „Heirate mich jetzt oder ich heirate jemand anders!"?

Außergewöhnliche Antwort: „Ich möchte eines ganz deutlich zum Ausdruck bringen: Die von Ihnen ausgeschriebene Position und Ihr Unternehmen sprechen mich am stärksten an. Das Gespräch hat mir gezeigt, dass ich mich hier auf eine anspruchsvolle Aufgabe und ein interessantes Umfeld freuen kann. Ich möchte Ihnen aber auch ganz ehrlich sagen, dass ich mich noch bei zwei anderen

Unternehmen beworben habe und dort erste Gespräche stattgefunden haben. Mir ist aber wichtig, dass ich bei meinem nächsten beruflichen Schritt eine Situation vorfinde, in der ich das Unternehmen ein Stück weiterbringe und mich gleichzeitig weiterentwickeln kann. Darf ich bei dieser Gelegenheit eine Gegenfrage stellen? Wie stellen Sie sich die weitere Vorgehensweise vor? Wird es noch ein weiteres Gespräch geben? Bis wann werde ich wieder von Ihnen hören?"

Info: Das waren natürlich mehrere Fragen, die wichtigste ist aber: „Wann höre ich wieder etwas von Ihnen? Sie wissen ja nun, dass ich mit anderen Firmen in Kontakt bin ..."

To do

Ihre Antwort:

___

___

___

Fragen zur Leistungsmotivation

„Wie stehen Sie zu Überstunden?"

Gewöhnliche Antwort: „Daran bin ich gewöhnt, auch in meiner letzten Anstellung kam es immer wieder zu Überstunden. Man kann Arbeit leider nicht immer genau im Voraus planen!"

Kommentar: Soll das heißen, dass Sie mit Ihrer Zeit nicht zurechtkommen und sich mittlerweile sogar schon daran gewöhnt haben? Oder wollten Sie gerade sagen, dass Sie für Ihren Job auf Ihr Privatleben verzichten können? Beides wäre schlecht und Letzteres wird man Ihnen auch nicht glauben. Sie sollten dem Personaler deutlich machen, dass gesunde Beziehungen und ein entsprechender Ausgleich in Ihrer Freizeit für Sie und für den Erhalt Ihrer Leistungsfähigkeit große Bedeutung haben.

Außergewöhnliche Antwort: „Grundsätzlich bin ich bestrebt, meine Aufgaben in der vorgegebenen Zeit zu erledigen. Das Prozedere im Vorfeld sauber zu planen und Prioritäten zu erkennen sind dafür meines Erachtens wichtige Voraussetzungen. (Pause) Wissen Sie, ich suche eine Herausforderung, bei der ich mich einbringen und weiterentwickeln kann, und so wie es sich anhört, bieten Sie mir hier eine sehr interessante Aufgabe an. Ich weiß aber auch, dass man nicht jeden Arbeitstag von 9.00 bis 17.00 Uhr im Voraus planen kann und deshalb flexibel sein muss. Ich habe mich im Vorfeld unseres heutigen Termins ausführlich mit meinem Lebenspartner (ganz ehrlich: besser ist Mann, Frau, Freund, Freundin etc.) über diese Aufgabe und die damit verbundenen Pflichten unterhalten und uns beiden ist klar, dass eine wirkliche Herausforderung im Beruf genauso wichtig ist wie gute Beziehungen und eine sinnvoll gestaltete Freizeit."

To do

Ihre Antwort:

____

____

____

„Ich hoffe, Ihre Partnerin hat keine Einwände, wenn Sie regelmäßig einige Wochen auf Geschäftsreise sind?"

Gewöhnliche Antwort: „Nein, auf keinen Fall. Meine Partnerin ist selbst sehr stark eingespannt und kennt die beruflichen Anforderungen und Zwänge."

Kommentar: Nicht nur die geistige Mobilität und Flexibilität sind wichtig, sondern auch die räumliche. Machen Sie deutlich, dass Sie Ihren Partner in Ihre Entscheidungen einbeziehen, sich bereits im Vorfeld über eine „Problematik" Gedanken gemacht und diese in gegenseitigem Einvernehmen beseitigen konnten. Achten Sie bei Ihren Antworten darauf, dass Sie sehr sparsam mit negativ

belegten Begriffen umgehen. Äußerungen wir „beruflich stark eingespannt“ und „Zwänge“ sind für eine wirkungsvolle Selbstpräsentation nicht förderlich.
Außergewöhnliche Antwort: „Ich habe mich für diese Stelle beworben, weil mich das Unternehmen und die beschriebenen Aufgaben sehr angesprochen haben. Um erfolgreich die neue berufliche Herausforderung zu meistern, ist es unabdingbar, dass ich mir ein Bild von der Produktion vor Ort mache und meine Ansprechpartner persönlich kennenlerne. Ein Besuch der Zulieferer in Asien rundet das Gesamtbild ab, da ich dort neben den Produktionsabläufen auch Einblicke in die Organisation und die Logistik haben werde. Meine Partnerin unterstützt mich in allen Lebenslagen, und da sie ebenfalls davon überzeugt ist, dass diese Aufgabe eine interessante Herausforderung darstellt, hat sie keine Einwände. Das haben wir bereits im Vorfeld miteinander abgesprochen.“

To do

Ihre Antwort:

____

____

____

„Was motiviert Sie?“

Gewöhnliche Antwort: „Geld und Anerkennung sind mir sehr wichtig. Geld ist ein fairer Maßstab zur Beurteilung von Leistungen. Ich war jahrelang im Vertrieb tätig und kann Ihnen sagen, dass Motivation nur über das Portmonee funktioniert.“
Kommentar: Das ist doch mal eine mutige Aussage! Leider werden Sie damit nicht die gewünschte Wirkung erzielen. Mit Aussagen wie dieser sagen Sie sehr viel Negatives über sich selbst aus: Sie können sich nicht selbst motivieren, der Sinn Ihrer Tätigkeit spielt keine Rolle, Identifikation mit Kollegen und Unternehmen sind für

Sie irrelevant und als Führungskraft geben Sie mit hoher Wahrscheinlichkeit eine problematische Figur ab. Zeigen Sie, dass Sie über eine hohe Leistungsbereitschaft verfügen und sich nicht nur vom Geld motivieren lassen. Geld ist wichtig, das wissen auch Ihre Gesprächspartner, aber Geld allein kann nicht Ihr größter Antreiber sein.
Außergewöhnliche Antwort: „Ein gutes Umfeld und eine herausfordernde Tätigkeit. Ich glaube, dass dann jeder über sich hinauswachsen kann und auch Spitzenbelastungen im Tagesgeschäft besser angenommen werden können. Natürlich spielt auch eine faire Bezahlung eine wichtige Rolle, aber für mich selbst kommt es vor allem darauf an, dass ich einen Sinn in meiner Tätigkeit sehe und gesteckte Ziele auch erreichen kann."

To do

Ihre Antwort:

„Wodurch ist Ihr Leistungsanspruch gekennzeichnet?"

Gewöhnliche Antwort: „Ich bin sehr ehrgeizig und stecke mir selbst hohe Ziele."
Kommentar: Personaler lieben klare Antworten, sie bieten ihnen hervorragende Anknüpfungspunkte für weiteres Nachfragen – die Folgefragen sollten Sie besser nicht dem Zufall überlassen. Eine der nächsten Fragen wird hier mit Sicherheit sein, ob Sie gern im Team arbeiten. Diese Frage können Sie dann nur schwerlich mit „Ja" beantworten. Gerade eben haben Sie nämlich angedeutet, dass Sie eher ein Einzelkämpfer sind und andere bestenfalls als Mitläufer dulden. Vergessen Sie nie, dass neben Ihrer fachlichen Eignung auch von Bedeutung ist, ob Sie in das bestehende Team und die

Unternehmenskultur passen. Klare Positionen, besonders in der ersten Hälfte des Interviews, machen Sie äußerst angreifbar.

Außergewöhnliche Antwort: „Sagen wir es einmal so: Ich kann mich sehr gut selbst motivieren und kann die notwendigen Prioritäten setzen. Meines Erachtens kommt es aber darauf an, andere mit ins Boot zu holen. Ich wünsche mir ein gutes Team und fordernde Ziele. Dann kann man gemeinsam eine ganze Menge erreichen. Wie denken Sie darüber? Passt das zu der hier im Haus gelebten Unternehmenskultur?"

To do

Ihre Antwort:

____

____

____

„Auf welche Leistungen sind Sie richtig stolz?"

Gewöhnliche Antwort: „Was meinen Sie: privat oder beruflich? Beruflich? Ich habe in meiner letzten Position ein neues Auftragserfassungssystem durchgesetzt. Das war gar nicht so einfach. Zu Beginn waren natürlich alle dagegen. Wissen Sie, viele sträuben sich einfach aus Prinzip gegen Veränderungen, aber ich habe dann mal richtig losgelegt und heute sind alle froh."

Kommentar: Vorsicht! Es geht hier nicht um Ihr privates Glück oder Unglück, sondern um die beruflichen Highlights. Berichten Sie immer von Herausforderungen, die Sie besonders gut gelöst haben. Am besten sind die Erfolge, die Sie auf Ihre Initiative hin mit anderen erreicht haben. Worin bestand die Schwierigkeit? Wie haben Sie sie gelöst? Auf welche Ihrer Fähigkeiten führen Sie den Erfolg zurück? In welcher Form haben andere bei diesem Erfolg mitgewirkt?

Außergewöhnliche Antwort: „Ich hatte kürzlich den Auftrag, unser Auftragserfassungssystem neu zu organisieren. Das war gar nicht so einfach, denn zu Beginn waren erst einmal die meisten dagegen. Mir wurde schnell klar, dass sich so ein Projekt nur gemeinsam erfolgreich umsetzen lassen wird. Deshalb habe ich bei meinem Chef nachgefragt, ob ich in diesem Fall eine kleine Arbeitsgruppe mit den Betroffenen einrichten darf – so ganz nach dem Motto: Betroffene zu Beteiligten machen. Natürlich gab es dann immer noch den einen oder anderen Konflikt, aber wir haben uns immer wieder zusammengerauft und konnten das Projekt zwei Wochen vor dem Termin übergeben. Heute funktioniert das System sehr gut und alle können sich auf die Schulter klopfen."

To do

Ihre Antwort:

____

____

____

Fragen zum beruflichen Werdegang und zur aktuellen Beschäftigung

„Warum haben Sie so lange studiert?"

Gewöhnliche Antwort: „Ja, ich wäre auch gern schneller mit dem Studium fertig geworden. Aber Sie wissen ja, wie das ist: Von irgendetwas muss man leben, und da meine Eltern mein Studium nicht finanzieren konnten, musste ich mir selbst das nötige Geld verdienen."

Kommentar: Wenn sich ohne erkennbaren und nachvollziehbaren Grund Ihre Studiendauer verlängert hat, wird Ihnen mangelnde Zielstrebigkeit und fehlende Leistungsmotivation unterstellt. Prüfen Sie, ob Sie der überdurchschnittlich langen Ausbildung nicht doch Positives abgewinnen können. Tatsache ist, dass Ihr Studium 14 Semester gedauert hat. Jetzt liegt es an Ihnen, dies so darzustellen, dass Ihnen Ihre Ausbildung nicht im Nachhinein zum Verhängnis wird.

Außergewöhnliche Antwort: „Ja, auf den ersten Blick sieht es so aus, als hätte ich ein paar Extrarunden gedreht. Bei genauerem Hinsehen werden Sie aber erkennen, dass die etwas längere Studiendauer unvermeidbar war. Für mich war schon als Kind klar, dass mich technische Berufe ganz besonders interessieren, und ich entschied mich deshalb schon früh für eine technische Studienrichtung. Aufgrund meiner finanziellen Situation musste ich mir den Unterhalt für mein Studium überwiegend selbst verdienen. Meine Eltern haben mich so gut unterstützt, wie sie konnten, aber ich wollte auch meinen eigenen Teil dazu beitragen. So habe ich mich dafür entschieden, zwei Semester als Werkstudent in einem technischen Labor zu arbeiten."

To do

Ihre Antwort:

____

____

____

„Warum sind Sie trotz Ihrer Qualifikation zurzeit ohne feste Anstellung?"

Gewöhnliche Antwort: „Bei meinem letzten Arbeitgeber kam es zu wirtschaftlichen Schwierigkeiten und Umstrukturierungsmaßnahmen. Als man mir dann eine Abfindung angeboten hat, habe ich den Aufhebungsvertrag angenommen und orientiere mich seitdem neu."

Kommentar: Die Gründe für die Auflösung des Arbeitsverhältnisses können sehr unterschiedlich sein, aber die Strategie, mit der Sie vorgehen sollten, ist immer die gleiche: Zeigen Sie, dass Sie – egal in welcher kritischen Situation – loyal, aktiv und motiviert waren.

Außergewöhnliche Antwort: „Ich hatte eine sehr gute Zeit in meiner letzten Firma, ich habe viel gelernt und hatte nette Kollegen. Ich habe meinen Job sehr gern gemacht. Leider wurden die Perspektiven aufgrund der wirtschaftlichen Entwicklung immer schlechter und am Ende stand die Auflösung des Arbeitsverhältnisses. Das war zwar schon voraussehbar, aber es war mir wichtig, meinen Beitrag zu leisten und alles zu tun, damit wir wieder erfolgreich werden und sich die Situation verbessert – doch leider ohne Erfolg."

To do

Ihre Antwort:

____

____

____

„Wie sah Ihr Tag in der Zeit Ihrer sechsmonatigen Arbeitslosigkeit aus?"

Gewöhnliche Antwort: „Zuerst einmal traf mich die Kündigung natürlich wie ein Schlag, aber dann ging es schon bald besser und ich habe mich intensiv um einen neuen Job bemüht: Zeitung gelesen, im Internet recherchiert, Wirtschaftsbeiträge im Fernsehen angeschaut; naja, was man halt so macht. Natürlich habe ich mich auch weitergebildet und zum Beispiel zwei Kurse bei der Volkshochschule besucht."

Kommentar: Verfallen Sie nicht in Wehklagen, warum Sie den letzten Job verloren haben. Der Personaler ist nicht an einer Beschreibung des tiefen Lochs interessiert, in das Sie nach der Kündigung gefallen sind, und daran, wie lange oder mit wessen Unterstützung Sie es dann doch geschafft haben, eine Bewerbung zu schreiben. Antworten Sie ehrlich, dass es Ihnen in dieser Phase wichtig war, Ihre Lebensplanung neu zu überdenken, und dass Sie die Zeit für sich und Ihre Hobbys und Interessen genutzt haben.

Diese Phase haben Sie für sich abgeschlossen und Sie haben nicht das Gefühl, zu kurz zu kommen und Ihre Interessen nicht ausgelebt zu haben. Diese persönliche Zufriedenheit wird sich auf Ihre Arbeitseinstellung und Ihr Engagement positiv auswirken. Wenn Sie während dieser Zeit auch an konkreten Veranstaltungen teilgenommen haben, so können Sie diese hier hervorragend einbringen. Machen Sie deutlich, dass durch Ihre Weiterbildungsaktivitäten ein konkreter Nutzen für Ihren (neuen) Arbeitgeber entstanden ist.

Außergewöhnliche Antwort: „Ich habe die Zeit erst einmal intensiv dazu genutzt, eine umfangreiche Bestandsaufnahme vorzunehmen und mich dann neu zu orientieren. In dieser Zeit habe ich viel gelesen und vor allem im Internet recherchiert. Mich hat insbesondere die Frage interessiert, wie sich mein berufliches Tätigkeitsgebiet in den kommenden Jahren verändern wird und wie ich mich am besten darauf vorbereiten kann. Unter anderem habe ich mich für ein Online-Seminar zum Thema Vertriebscontrolling angemeldet. Bei dieser Gelegenheit würde ich Sie gern einmal fragen, welche Erfahrungen Sie hier im Haus mit Online-Seminaren gemacht haben.“

To do

Ihre Antwort:

____

____

____

„Die dreimonatige Lücke zwischen Ihrer letzten und Ihrer derzeitigen Tätigkeit haben Sie im Lebenslauf ‚Weltreise' genannt?"

Gewöhnliche Antwort: „Ja, ich musste erst einmal raus und etwas anderes sehen. Wissen Sie, als Kind wollte ich schon die große weite Welt sehen und später einmal auswandern.“

Kommentar: Ziel der Frage ist, den wahren Grund für diese Lücke zu erfahren. Sie brauchen sich keine Gedanken um die richtige Darstellung Ihrer Weltreise zu machen. Sagen Sie es so, wie es ist. Da Sie bereits einige Jahre gearbeitet haben, wird diese Erfahrung für den Personaler ein wichtiger Punkt für die Einstellung sein. Sie haben sich nach Ihren Reisen nun bewusst dafür entschieden, wieder zu arbeiten, und können voller Tatkraft ans Werk gehen.
Außergewöhnliche Antwort: „Ja, das war schon immer mein Traum: eine Weltreise machen, andere Kulturkreise kennenlernen, Kunst und Geschichte hautnah erleben und neue Eindrücke aufnehmen. Das war eine sehr schöne Zeit. Wissen Sie, wenn man voll und ganz als Assistentin der Geschäftsführung in das Tagesgeschäft eingebunden ist, dann kann man nicht einfach mal eine Auszeit von drei Monaten nehmen."

To do

Ihre Antwort:

„Was gefällt Ihnen an Ihrem derzeitigen Arbeitsplatz nicht?"

Gewöhnliche Antwort: „Ich möchte eigentlich nicht schlecht über meinen bisherigen Arbeitgeber reden, aber das Betriebsklima ist nicht so toll und viele Zusagen werden von den Vorgesetzten einfach nicht eingehalten. Ich habe auch schon einmal mit einigen Kollegen darüber gesprochen und die sehen das genauso. Ich gehe davon aus, dass demnächst noch viele dort kündigen werden."
Kommentar: Eigentlich möchten Sie nicht schlecht über Ihren bisherigen Arbeitgeber reden, Sie tun es aber dann doch ... Mit dieser Frage wird Ihre Loyalität getestet. Hier sollten Sie sich auf keinen Fall zu negativen Äußerungen oder gar Beschimpfungen

über Ihren derzeitigen Arbeitgeber beziehungsweise Ihre Kollegen hinreißen lassen. Auch dürfen Sie nicht den Eindruck erwecken, Sie würden am Schreibtisch sitzen und nur auf das Karrieremachen schielen.

Außergewöhnliche Antwort: „Ich bin mit den Rahmenbedingungen, dem Unternehmen und der Arbeitsatmosphäre zufrieden. Aber leider fehlt es an Entwicklungschancen. Es geht mir gar nicht unbedingt um Beförderungen oder Ähnliches, aber das Tätigkeitsfeld hat sich trotz vieler Gespräche nicht geändert und das würde auch in Zukunft so bleiben. Deshalb möchte ich mich beruflich neu orientieren."

To do

Ihre Antwort:

____

____

____

„Was stört Sie an Ihrem derzeitigen Vorgesetzten beziehungsweise an Ihren Kollegen?"

Gewöhnliche Antwort: „Das ist eine schwierige Frage. Es gibt da einfach sehr viele, die ständig schlecht über andere reden und sich gegen alles Neue erst einmal sträuben. Die Vorgesetzten sind da auch nicht viel anders. Wissen Sie, wie viele Verbesserungsvorschläge ich in den vergangenen Monaten eingereicht habe? Sehr viele, aber keiner wurde umgesetzt. Auf Dauer ist das nicht motivierend, wenn gute Ideen keinen Anklang finden."

Kommentar: Noch einmal: Reden Sie nie schlecht über Ihre Tätigkeit, Ihre bisherigen Arbeitgeber, Vorgesetzten oder Kollegen. Würden Sie sich gern einen notorischen Nörgler ins Unternehmen holen? Machen Sie deutlich, dass Sie sich beruflich verändern und sich weiterentwickeln wollen. Lassen Sie nicht den Eindruck entstehen, dass alle froh sind, wenn Sie endlich das Unternehmen verlassen haben. Natürlich ist die o. a. Antwort sehr überspitzt, wichtig ist aber, dass Sie erkennen, dass Sie den weiteren Verlauf des Interviews mit Ihren Antworten beeinflussen können.

Außergewöhnliche Antwort: „Das ist eine gute Frage. (Pause) Besser machen kann man natürlich immer etwas, aber insgesamt haben wir da schon ein sehr interessantes Team und auch ein gutes Betriebsklima. Was man besser machen kann ... Hmm, ich würde manche Besprechung straffer organisieren. Hin und wieder kommt es vor, dass Dinge einfach zu lange diskutiert werden und es am Ende zu keinem wirklichen Ergebnis kommt. In dieser Sache habe ich kürzlich einen Verbesserungsvorschlag eingebracht: Die Redezeit je Wortmeldung wurde begrenzt und es wird seither ein Stichwortprotokoll geführt."

To do

Ihre Antwort:

____

____

____

„Man munkelt, dass Ihr derzeitiger Arbeitgeber wirtschaftliche Schwierigkeiten hat?"

Gewöhnliche Antwort: „Ja, das stimmt. Es kommt immer wieder zu heftigen Auseinandersetzungen zwischen der Geschäftsleitung und unseren Lieferanten. Mehrere Rohmateriallieferanten liefern mittlerweile nur noch gegen Vorkasse. Dass Sie das schon wissen, wundert mich, eigentlich sollen wir darüber nicht nach außen reden."

Kommentar: Werden Sie nicht zum Nestbeschmutzer und erzählen Sie kein Insiderwissen. Auch wenn dem so ist und dies Ihr wahrer Wechselgrund ist, beweisen Sie Loyalität, denn wie der Personaler schon sagte: „Man munkelt ..." Es handelt sich also um ein

Gerücht und nicht um eine bereits in der Öffentlichkeit bekannte Tatsache.

Außergewöhnliche Antwort: „Sie wissen ja, dass gern über Wettbewerber geredet wird und dass nicht alles stimmen muss. Ich hatte eine gute Zeit bei Schmidthuber & Sohn und konnte mich dort sehr gut weiterentwickeln. Heute suche ich eine neue Herausforderung – deshalb sitze ich hier und freue mich über dieses Gespräch. Ich kann nichts Schlechtes über meinen Arbeitgeber sagen. Ganz ehrlich: Würde ich das tun, so würde mich dies aus charakterlichen Gründen für die Aufgabe in Ihrem Haus disqualifizieren."

To do

Ihre Antwort:

___

___

___

„Sie waren die letzten zehn Jahre im gleichen Unternehmen in der gleichen Position als Filialleiter beschäftigt. Warum?"

Gewöhnliche Antwort: „Ich habe mich in meiner Aufgabe immer sehr wohlgefühlt und mir zu wenig Gedanken über Karriereschritte gemacht. Ich bin davon ausgegangen, dass sich Leistung schon durchsetzen wird. Ich mag die Leute nicht, die ständig vorn stehen müssen oder beim Chef im Vorzimmer sitzen. Ich beweise mich lieber durch gute Arbeit."

Kommentar: Hintergrund der Frage ist, ob es keine Entwicklungsmöglichkeiten für den Bewerber gab und warum er vielleicht bei Beförderungen übergangen worden ist. Auch wenn sich an der Position des Filialleiters nichts geändert hat, kann der Bewerber seine Entwicklungsfähigkeit aufzeigen und mit vielen Beispielen aus seinem Aufgabenportfolio belegen. Er hat sich vom Organisator des Tagesgeschäfts zum Entscheidungsträger Personal und Einkauf entwickelt und so seine Vielseitigkeit, Flexibilität und Lernfähigkeit unter Beweis gestellt. Dass er auch für den Einkauf zuständig ist und Messen besucht, beweist, dass er aktuell und flexibel ist, den Trend kennt und Neuem gegenüber aufgeschlossen ist.

Außergewöhnliche Antwort: „Meine berufliche Weiterentwicklung war von vielen Veränderungen in der Aufgabenstellung gekennzeichnet, auch wenn ich auf dem Papier immer Filialleiter war. Zu Beginn war meine Aufgabe, das Tagesgeschäft in der Filiale zu organisieren. Nach etwa zwei Jahren Betriebszugehörigkeit übernahm ich auch den Personalbereich, betreute die 20 Verkaufsmitarbeiter in der Filiale, war für Neueinstellungen und Entlassungen verantwortlich, führte Personalschulungen durch und war der Ausbilder der Auszubildenden. Seit etwa zwei Jahren bin ich auch der Ansprechpartner für unsere Einkäufer in der Zentrale, wenn es um die Kollektionsauswahl, die Order und Nachbestellungen geht, und ich besuche regelmäßig die Modemessen in Deutschland."

To do

Ihre Antwort:

____

____

____

„Aus welchen Gründen halten Sie sich für den besseren Außendienstmitarbeiter als Ihre Kollegen?"

Gewöhnliche Antwort: „Ach, wissen Sie, im Vertrieb ist das ganz einfach: Sie schauen sich die Verkaufszahlen an und dann wissen Sie Bescheid. In den letzten drei Jahren war ich immer unter den Topverkäufern. Da ist doch klar, dass man das auch honoriert sehen möchte."

Kommentar: Vorsichtig mit Prahlerei! Wecken Sie nicht den Ehrgeiz in Ihrem Gesprächspartner, der Ihnen sonst vielleicht zeigen will, dass Sie gar nicht so gut sind, wie Sie denken. Vertriebsmitarbeiter werden in der Regel entsprechend ihren Verkaufserfolgen bezahlt. Sollten Sie also mit Ihrem Honorar unzufrieden sein, stellt sich die Frage, ob es mit Ihnen womöglich noch andere Schwierigkeiten gibt.

Außergewöhnliche Antwort: „Meine Verkaufszahlen der vergangenen Jahre sind sehr erfreulich und ich konnte auch eine Reihe neuer guter Kunden für unser Unternehmen gewinnen. Ich möchte gar nicht sagen, dass ich besser bin als andere. Oft kann man auch die Verkaufsgebiete gar nicht so ohne Weiters miteinander vergleichen und manchmal gehört auch ein wenig Glück dazu. Man muss eben einfach ein besonderes Gespür haben und zur rechten Zeit am rechten Ort sein. Meine Erfahrung hat mir gezeigt, dass man mit Ausdauer sehr viel erreichen kann."

To do

Ihre Antwort:

____

____

____

„Was war der Grund dafür, dass Sie Ihre letzte Stelle verloren haben?"

Gewöhnliche Antwort: „Ach, wissen Sie, heute ist ja niemand mehr vor Arbeitslosigkeit gefeit. Und so hat es auch mich bei der letzten Umstrukturierung getroffen. Mein Abteilungsleiter und ich hatten so unsere Meinungsverschiedenheiten und so hat man sich für meinen Kollegen und gegen mich entschieden."

Kommentar: Auch wenn Arbeitslosigkeit heute kein Makel mehr ist, spielt der Beendigungsgrund eine immense Rolle. Wirtschaftliche Entscheidungen wie Konkurs, Umstrukturierung, Rationalisierung sind akzeptiert. Anders verhält es sich, wenn die Beendigungsgründe persönlicher Natur sind, zum Beispiel verhaltensbedingt oder bei Problemen mit dem Arbeitgeber beziehungsweise den Kollegen. Wir empfehlen Ihnen bei Problemen mit dem früheren Arbeitgeber: Bleiben Sie bei der Wahrheit. Halten Sie Ihre Schilderungen kurz und sachlich. Und: Sprechen Sie keinesfalls schlecht über Ihren alten Arbeitgeber oder die Exkollegen.

Außergewöhnliche Antwort: „Wir hatten in der Vergangenheit mit vielen Umstrukturierungen zu kämpfen und plötzlich hatte ich mich in eine Sackgasse hineinmanövriert. Ich hätte wahrscheinlich noch im Unternehmen bleiben können, hätte mich aber dann in einer Schiene wiedergefunden, die nicht zu mir und zu meiner Karriereplanung gepasst hätte. Folglich haben wir uns zusammengesetzt und das Arbeitsverhältnis aufgehoben."

To do

Ihre Antwort:

____

____

____

Fragen zum persönlichen, familiären und sozialen Hintergrund

„Erzählen Sie uns doch mal etwas über sich."

Gewöhnliche Antwort: „Wie Sie ja schon meinem Lebenslauf entnehmen konnten, wurde ich am 8.3.1972 in Stuttgart geboren, von 1982 bis 1991 habe ich das König-Olga-Gymnasium besucht und mit einem Notendurchschnitt von 1,9 beendet. Meine Leistungskurse waren Kunst und Religion. Dann habe ich mich für ein Studium an der Hochschule für Medien entschieden, das ich nach neun Semestern 1996 erfolgreich beendet habe. In meiner Freizeit treibe ich viel Sport. Ich spiele Tennis, Badminton und Golf, gehe regelmäßig schwimmen und tauche."

Kommentar: Diese Frage ist ein Klassiker, auf die eine oder andere Art und Weise wird sie immer gestellt. Stellen Sie sich kurz vor, berichten Sie über Ihren beruflichen Werdegang und Ihre aktuelle Stelle. Diese Frage bietet Ihnen eine sehr gute Chance, sich so darzustellen, wie Sie es möchten und wie Sie sich vorbereitet haben. Beachten Sie aber, dass Sie mit Ihrer Antwort Anknüpfungspunkte für den weiteren Gesprächsverlauf liefern. Fassen Sie sich deshalb kurz! Der Personaler erwartet ein Kurzprofil beziehungsweise eine strukturierte Darstellung Ihres Werdegangs. Beginnen Sie keinesfalls bei Ihrer Geburt mit Ihren Erzählungen, sondern konzentrieren Sie sich auf das Wesentliche wie Abschlüsse, berufliche Stationen, und stellen Sie diese knapp und präzise dar. Ein kurzes Kompetenzprofil rundet Ihre Selbstdarstellung ab. Machen Sie deutlich, dass Ihre Karriere kein Zufallsprodukt ist, sondern einem roten Faden folgt.
Außergewöhnliche Antwort: Mir war schon früh klar, dass mich die Bereiche Medien und Gestaltung besonders interessieren. Ich weiß noch genau, wie mich Kunst und Informatik bereits in der Schule besonders fasziniert haben und ich Stunde um Stunde mit meinen Arbeiten verbringen konnte ... Für mich stand schon früh fest, dass ich eines Tages an einer Hochschule für Medien studieren würde ...“

To do

Ihre Antwort:

____

____

____

„Wie verbringen Sie Ihre Freizeit?“

Gewöhnliche Antwort: „Ich treibe gern viel Sport: Skifahren, Bergsteigen und Tauchen. Ich brauche die Herausforderung und den Nervenkitzel.“

Kommentar: Obwohl nicht zulässig, handelt es sich bei dieser Frage um eine der am häufigsten gestellten. Hier möchte der Personaler Ihre Hobbys und privaten Interessen ausloten. Geben Sie ein, zwei Aktivitäten an und wählen Sie diese klug und sorgfältig aus. Achten Sie darauf, dass die Hobbys nicht im Widerspruch mit Ihrem Job stehen und den Personaler nicht beunruhigen. Vor allem unfallträchtige Sportarten und Freizeitaktivitäten wie zum Beispiel Mountainbiking oder Motorradfahren lassen den Interviewer aufhorchen und ihn womöglich schon bildhaft die Arbeitsunfähigkeitsbescheinigungen vor sich liegen sehen. Auch möchte der Personaler erfahren, wie engagiert Sie in Ihrer Freizeit sind, wie viel Zeit Sie in Ihre Hobbys investieren und ob dieses private Engagement Sie nicht an Überstunden, Geschäftsreisen usw. hindert. Aus seiner Sicht dient die Freizeit in erster Linie zur Regeneration und zur Pflege sozialer Kontakte.
Außergewöhnliche Antwort: „Freizeit, Familie und Freunde sind mir wichtig. Hier kann ich gut entspannen und mich regenerieren. Als Berufseinsteiger war mir das nicht sonderlich wichtig, irgendwie kam man schon über die Runden. Heute weiß ich, dass jeder Mensch einen ruhenden Pol benötigt und auch ein Umfeld haben sollte, indem er sicher entfalten kann. Ich mache gern Sport – nicht so extreme Sachen, aber so, dass ich hinterher ein gutes Körpergefühl habe und durchaus erschöpft bin. Darüber hinaus lese ich gern und gehe gern einmal schön essen.“

To do

Ihre Antwort:

____

____

____

„Welches Buch haben Sie zuletzt gelesen?"

Gewöhnliche Antwort: „Ich lese sehr viel, meistens zwei oder drei Bücher gleichzeitig. Ich kann Ihnen im Moment gar nicht genau sagen, welche Bücher bei mir auf dem Nachttisch liegen. Hmm, mal nachdenken. Es ist, glaube ich, ein Roman von Stephen King."

Kommentar: Ihr Personaler weiß, dass es sich gut anhört, wenn der Kandidat von sich sagt, dass er gern viel liest. Wenn er dann aber nicht genau weiß, was er liest, sieht es so aus, als hätte man gerade jemanden bei einer Lüge ertappt. Würden Sie jemanden einstellen, der Sie schon bei der ersten Gelegenheit anlügt? Wohl kaum. Wichtig ist aber auch, was Sie lesen. Erzählen Sie von Büchern, die Sie beeindruckt haben oder die in einem besonderen beruflichen Zusammenhang stehen.

Außergewöhnliche Antwort: „Ganz ehrlich? Zuletzt habe ich ein Buch über Schnelllesen gelesen. Es ist wirklich erstaunlich, mit welchen einfachen Übungen man seine Lesegeschwindigkeit steigern kann. Zuerst dachte ich, dass man sich dann gar nichts mehr merken kann. Sie werden lachen: Das Gegenteil ist der Fall. Ich bin auf dieses Buch gekommen, weil in letzter Zeit immer mehr gute Bücher auf meinem Schreibtisch liegen geblieben sind. Jetzt kann ich das alles aufarbeiten und habe gleichzeitig gelernt, mich besser zu konzentrieren."

To do

Ihre Antwort:

____

____

____

Fragen zum Gesundheitszustand

„Trauen Sie sich in Ihrem Alter diese Position zu?"

Gewöhnliche Antwort: „Natürlich, deshalb sitze ich ja heute hier. Ich gehöre noch lange nicht zum alten Eisen. Das beweise ich Ihnen gern."

Kommentar: Nehmen Sie sich zurück, auch wenn Sie im ersten Moment spontan mit „Sonst hätte ich mich wohl kaum beworben" antworten würden. Nehmen Sie das Vorurteil vorweg, sprechen Sie es offensiv und selbstbewusst aus und wandeln Sie gleichzeitig diese unterschwellig angesprochene Schwäche (Alter) in eine Stärke (Erfahrung) um.

Außergewöhnliche Antwort: „Das ist eine sehr direkte Frage, deshalb möchte ich Ihnen auch eine klare Antwort darauf geben: Selbstverständlich traue ich mir zu, diesen Aufgabenbereich zu übernehmen und mit Inhalten zu füllen. Ich besitze sehr viel Berufserfahrung. Klar, das bringt mein Alter mit sich, aber ich bin in der Lage, diese Berufserfahrung in das Tagesgeschäft einzubringen und umzusetzen."

To do

Ihre Antwort:

____

____

____

„Wie belastbar sind Sie?"

Gewöhnliche Antwort: „Ich sage immer: Wer rastet, der rostet. Ich bin ein aktiver Typ und packe gern mit an. Ich scheue mich auch nicht, einmal länger dazubleiben, wenn Not am Mann ist oder etwas dringend fertig werden muss."

Kommentar: Diese Antwort ist nett gemeint und kommt sicherlich von Herzen, aber mit hoher Wahrscheinlichkeit hat der Bewerber den wirklichen Hintergrund dieser Frage nicht erkannt. Hier wird kein Kumpel für schlechte Zeiten gesucht. Der Personaler möchte wissen, wie Sie unter Zeitdruck, in hektischen Zeiten oder in Stresssituationen reagieren. Jeder Mensch kommt von Zeit zu Zeit in Stresssituation – Sie auch. Die entscheidende Frage ist aber, wie sich das bei Ihnen bemerkbar macht und wie Sie sich in solchen Situationen verhalten. Wie gehen Sie zum Beispiel mit Niederlagen um? Laufen Sie weg oder beißen Sie die Zähne zusammen? Die Beantwortung dieser Frage lässt Rückschlüsse auf Ihre Selbstdisziplin, Konzentrationsfähigkeit, Stressresistenz und Ausgeglichenheit zu.
Außergewöhnliche Antwort: „Im Lauf meiner jahrelangen Berufserfahrung habe ich gelernt, den Blick auf das Wesentliche zu lenken und Prioritäten zu erkennen. Belastbarkeit allein hat wenig Sinn, wenn man nicht in der Lage ist, seine Energie an den richtigen Baustellen einzusetzen. Auf der anderen Seite ist es aber auch wichtig, dass man in der Freizeit gut regenerieren kann und in einem intakten Umfeld lebt. In dieser Hinsicht kann ich mich wirklich nicht beklagen."
Kommentar: Der Interviewer zielt hier eventuell auf Ihr Alter oder Ihre körperliche Fitness ab. Üben Sie Judo, indem Sie die Frage im Hinblick auf Ihre Arbeitseinstellung, geistige Belastbarkeit und Stresssituationen beantworten.

To do

Ihre Antwort:

____

____

____

„Wir sind ein Nichtraucherbüro. Haben Sie damit ein Problem?"

Gewöhnliche Antwort: „Nein, natürlich nicht. Vielleicht hilft mir das ja sogar, selbst mit dem Rauchen aufzuhören."
Kommentar: Eines vorweg: Arbeitgeber dürfen laut aktueller Rechtsprechung Raucher als Bewerber ablehnen. Allerdings müssen Sie sich als Bewerber nicht outen. Wenn aber offensichtlich ist, dass Sie *leidenschaftlicher* Raucher sind, sollten Sie darstellen, dass Sie eher ein Genussraucher sind und Ihre Leistungsfähigkeit davon nicht beeinträchtigt wird und Sie so selten rauchen, dass Sie überhaupt kein Problem damit haben, dass im Büro nicht geraucht wird. Halten Sie Ihre Antwort auf jeden Fall kurz.
Außergewöhnliche Antwort: „Hin und wieder rauche ich ganz gern einmal nach dem Essen oder zu einem guten Glas Wein. In letzter Zeit ist das aber immer seltener der Fall."

To do

Ihre Antwort:

____

____

____

Fragen zur beruflichen Kompetenz und Eignung

„Wie gehen Sie mit Kritik um?"

Gewöhnliche Antwort: „Mein Großvater sagte immer: Aus Fehlern wird man klug, darum mache ich nie genug! Kritik ist für mich wichtiger Bestandteil von Lernprozessen, ich freue mich über Kritik und nehme Sie deshalb gern an."

Kommentar: Haben wir Sie gerade richtig verstanden? Sie machen gern Fehler und freuen sich darüber, wenn man sie Ihnen unter die Nase hält? Ganz ehrlich: Das glauben wir Ihnen nicht!

Außergewöhnliche Antwort: „Grundsätzlich freut mich Kritik nicht besonders, schließlich bedeutet Kritik ja, dass etwas hätte besser laufen können. Ich habe aber gelernt, dass Kritik sehr hilfreich und lehrreich ist und dadurch künftige Fehler vermieden werden können. (Pause) Vielleicht sollte man das Wort ‚Kritik' gegen ‚Feedback' tauschen. Kritik ist meines Erachtens eher negativ belegt. Feedback trifft es da schon besser. Jeder braucht die Information, ob die Dinge in Ordnung sind oder ob in Zukunft etwas anders getan werden muss."

Info: Über den legendären amerikanischen Unternehmer Andrew Carnegie erzählt man sich folgende Geschichte: Carnegie hatte einen Manager neu eingestellt, der eine falsche Entscheidung traf, die zu einem Verlust von einer Million Dollar führte. Carnegie ließ den Manager zu sich kommen. Der Manager war sehr enttäuscht über die Konsequenzen seiner Entscheidung und sagte kleinlaut: „Ich habe meine Sachen schon zusammengeräumt, denn Sie werden mich jetzt bestimmt entlassen." Doch Carnegie erwiderte: „Wie kommen Sie denn darauf? Ich habe gerade eine Million Dollar in Ihre Ausbildung investiert!" (Diese Geschichte wird u. a. auch dem IBM-Begründer Tom Watson zugeschrieben.)

To do

Ihre Antwort:

____

____

____

„Erzählen Sie doch mal von Ihren Schwächen ..."

Gewöhnliche Antwort: „Ich stecke mir selbst gern hohe Ziele und erwarte das auch von anderen. Da kann es schon einmal vorkommen, dass ich ungeduldig werde, wenn ich feststelle, dass nicht alle am gleichen Strang ziehen."
Kommentar: Netter Versuch. Sie wollen den Klassiker aller Schwächen „Ich bin ungeduldig!" in besserem Licht erscheinen lassen und gehen den Weg über die hohen Ziele. Vielleicht neigen Sie ja auch dazu, sich (und anderen) unrealistische Ziele zu setzen? Die Frage nach Ihren Schwächen ist in Wirklichkeit die Frage nach dem Umgang mit Ihren Schwächen. Wie nehmen Sie Ihre Schwächen wahr? Welche Auswirkungen haben diese auf das Tagesgeschäft? Haben Sie Strategien für den Umgang mit Ihren Schwächen entwickelt? Schwächen für sich genommen sind unproblematisch, kritisch wird es erst, wenn sie Ihren Erfolg im Beruf behindern oder gar unmöglich machen.
Außergewöhnliche Antwort: „Ich stecke mir selbst gern hohe Ziele und erwarte das auch von anderen. Ich weiß aber auch, dass es Situationen geben kann, in denen diese Eigenschaft zu einer Schwäche wird und Misserfolge oder unnötiges Warten mich dann enttäuschen. Als ich das verstanden habe, habe ich eine für mich sehr gut funktionierende Strategie entwickelt: Heute gewinne ich erst einmal etwas Abstand und erledige eine andere kleinere Aufgabe. Gestärkt durch das Erfolgsgefühl und einen erweiterten Blick für das Ganze motiviere ich mich so selbst und kann mich dann wieder mit voller Energie dem aktuellen Projekt widmen. Mit dieser Strategie habe ich sehr gute Ergebnisse erzielt und erledige in der Zeit, in der ich früher nicht so produktiv gewesen wäre, eine andere Aufgabe ganz nebenbei."
Info: Wenn Sie sich also im Vorfeld intensiv mit Schwächen befassen und Erfolg versprechende Handlungsalternativen entwickeln, haben Sie einen weiteren Trumpf in der Hand und können diese Hürde im Vorstellungsgespräch souverän meistern. Schwächen werden dann gefährlich, wenn Sie sich von ihnen überraschen lassen.

To do

Ihre Antwort:

____

____

____

Eine weitere Frage nach Ihren „Schwächen“ könnte lauten:

„Was würde mir Ihr Lebenspartner antworten, wenn ich ihn nach Ihren Schwächen fragen würde?“

Kommentar: Werten Sie die Frage auf, indem Sie zeigen, dass Sie einen Augenblick über die Frage nachdenken müssen. Vermitteln Sie nie den Eindruck, dass Sie auf alles vorbereitet sind und die Antworten auswendig gelernt haben! Nehmen wir einmal an, Ihre Schwäche ist, dass Sie sehr direkt sein können und andere Menschen damit manchmal überfahren oder verletzen. Das klingt hart und können Sie so nicht sagen. Deshalb wäre folgende Antwort passend:
Außergewöhnliche Antwort: „Hmm, das ist eine gute Frage. (Pause) Mein Partner würde wahrscheinlich sagen, dass ich manchmal sehr direkt sein kann. Das stimmt auch, denn ich bringe die Dinge gern auf den Punkt, aber ich habe mir angewöhnt, anderen mehr Zeit zu geben und mehr zu hinterfragen.“
Kommentar: Sie relativieren Ihre Schwäche durch den Zusatz „manchmal“ und liefern gleichzeitig drei positive Merkmale: Sie leben in einer Beziehung, in der die Meinung des anderen etwas zählt, sind selbstkritisch und lernfähig.

To do

Ihre Antwort:

____

____

____

„Sie sind anscheinend sehr temperamentvoll. Geht Ihr Temperament manchmal mit Ihnen durch?"

Kommentar: Das können Sie so nicht stehen lassen. Das würde bedeuten, dass Sie die Beherrschung verlieren. Ein klarer Widerspruch ist an dieser Stelle allerdings auch nicht angebracht. Es ist wichtig, dass Sie das Feld der Schwächen schnell wieder verlassen. Am besten gelingt Ihnen das, wenn Sie an Ihre Ausführungen eine Frage anhängen. Reden Sie nicht zu lange über Ihre Schwächen und zählen Sie nie mehr als zwei von ihnen auf. Lenken Sie das Gespräch so schnell wie möglich auf die positiven Aspekte Ihrer Bewerbung.
Außergewöhnliche Antwort: „Temperament, hmm. (Pause) Ich würde es Leidenschaft nennen. Wichtig ist für mich, dass man ehrlich miteinander umgeht und den anderen respektiert. Hier habe ich viel von meinem letzten Chef gelernt und beherzige eine ganz einfache Formel: Erst zuhören und verstehen, dann reden und handeln. Damit bin ich in der Vergangenheit sehr gut gefahren. Bei dieser Gelegenheit würde ich Sie gern einmal fragen, wie denn bei Ihnen im Haus die Einarbeitung in den Arbeitsplatz vorgesehen ist. Können Sie mir dazu schon einige Informationen geben?"

To do

Ihre Antwort:

____

____

____

„Nennen Sie mir bitte einige Ihrer Stärken!"

Gewöhnliche Antwort: „Ich bin belastbar, flexibel und teamorientiert!."
Kommentar: Die Antwort des Bewerbers, er sei belastbar, flexibel und teamorientiert, ist unzureichend und nützt dem Personaler erst einmal nichts. Er wird nachfragen müssen, wie sich diese Eigen-

schaften im Tagesgeschäft auswirken. Der Bewerber muss nun hoffen, dass der Personaler ihm eine weitere Chance für eine optimale Selbstpräsentation einräumt. Der Bewerber fleht innerlich: „Bitte frag mich, was du wissen musst!“ Geschieht dies nicht, hat der Bewerber Pech gehabt.
Außergewöhnliche Antwort: „Hm, das ist eine gute Frage. Auf den Punkt gebracht würde ich sagen, dass ich belastbar, flexibel und teamorientiert bin. Sie werden sich nun fragen, wie sich diese Eigenschaften im Tagesgeschäft auswirken. Gut, ich möchte Ihnen das an einem Beispiel verdeutlichen ...“

To do

Ihre Antwort:

____

____

____

„Welches war die schwierigste Entscheidung Ihres bisherigen Lebens?“

Gewöhnliche Antwort: „Erst kürzlich haben meine Frau und ich uns geeinigt, in Zukunft getrennte Wege zu gehen und die Scheidung einzureichen. Das bedeutet, dass ich mich jetzt ganz einer neuen beruflichen Herausforderung stellen kann.“
Kommentar: Hier wird nicht nach Ihrem privaten Ich gefragt, Sie sind schließlich im Bewerbungsinterview. Beschreiben Sie also eine berufliche Entscheidung, zeigen Sie auf, warum Ihnen diese so schwergefallen ist. Vergessen Sie auf keinen Fall, über den positiven Ausgang Ihrer Entscheidung zu sprechen. Ganz ehrlich: Personaler interessieren sich in der Regel nicht besonders für Ihre Rückschläge oder schwierigsten Entscheidungen. In Wirklichkeit wollen sie lediglich wissen, wie Sie in solchen Situationen vorgehen, was Sie daraus gelernt haben und auf welche regenerierenden

Strukturen Sie zurückgreifen können. Bedenken Sie aber auch, dass Ihre Antwort Raum für weitere Fragen bietet.
Außergewöhnliche Antwort: „Meine Stelle bei Schmidthuber & Sohn aufzugeben und nach Bayern zu ziehen, um bei der Firma MNO neuer Vertriebsleiter zu werden. Dieser Wechsel war für mich eine große Herausforderung. Heute bin ich auf diese Entscheidung sehr stolz, denn ich konnte mich durch diesen Wechsel beruflich weiterentwickeln."

To do

Ihre Antwort:

____

____

____

„Sind Sie teamfähig?"

Gewöhnliche Antwort: „Natürlich, ich arbeite sogar sehr gern in Teams. Gemeinsam lassen sich viele Ideen erst verwirklichen."
Kommentar: Hintergrund der Frage könnte zum Beispiel sein, wie Sie sich in Gruppen mit stark gemischter Altersstruktur und unterschiedlichem fachlichem Know-how integrieren können. Besonders in den kommenden Jahren wird dies eine Kompetenz sein, die immer mehr an Bedeutung gewinnt. Da Sie gern in einem gemischten Team arbeiten, zeigen Sie, dass Sie flexibel und aufgeschlossen gegenüber kreativen Lösungen sind. Auch sind Sie an einem Wissensaustausch zwischen Jung und Alt interessiert. Junge Kollegen profitieren von Ihrer Berufserfahrung und Sie von deren aktuellem Wissensstand.
Außergewöhnliche Antwort: „Das ist eine gute Frage. Die Antwort lautet ‚Ja'. Ich möchte aber noch etwas hinzufügen: Ich halte das Arbeiten in Teams für sehr wichtig und trotzdem schließt das die Notwendigkeit nicht aus, auch selbstständig arbeiten zu können. Beides ist wichtig. Ich habe aber die Erfahrung gemacht, dass

gerade gemischte Teams sehr gute Ergebnisse erzielen, wenn sie gut gemanagt werden und eine vertrauensvolle Atmosphäre vorherrscht."

To do

Ihre Antwort:

„Wo wollen Sie in fünf Jahren stehen?"

Gewöhnliche Antwort: „In fünf Jahren hätte ich gern Ihren Stuhl. (Lacht) Man muss sich ja hohe Ziele stecken."

Kommentar: Die Frage könnte auch anders lauten: „Welche beruflichen Ziele verfolgen Sie?" Vielleicht ist Ihr beruflicher Werdegang ja auch ein Zufallsprodukt, aber glauben Sie uns: Die meisten Personaler mögen es, wenn Bewerber konkrete Vorstellungen über ihre weitere Karriere haben – vorausgesetzt, sie berücksichtigen die Interessen des Arbeitgebers. Natürlich kann man auch einmal witzig sein, noch besser ist es aber, wenn Humor mit Geist kombiniert wird. Zeigen Sie, warum Sie sich bei diesem Unternehmen beworben haben und dass Sie auch erst einmal dort bleiben wollen. Betonen Sie aber gleichzeitig Ihre Bereitschaft, sich weiterzuentwickeln und Chancen zu nutzen.

Außergewöhnliche Antwort: „Ganz ehrlich – vielleicht sind Sie jetzt auch enttäuscht, aber ich habe noch keine konkrete Vorstellung, welche Position ich in fünf Jahren innehaben möchte. Mir geht es im Moment darum, mich einzuarbeiten und meinen Beitrag zu leisten. Ich bin sicher, dass sich dann weitere wichtige und interessante Aufgaben oder Projekte finden lassen. Ich weiß sehr wohl, dass persönliche Karriereziele wichtig sind, aber im Moment ist mein oberstes Ziel, meinen Job gut zu machen und nicht sofort nach dem nächsten Stuhl Ausschau zu halten."

To do **Ihre Antwort:**

____

____

____

„Was erwarten Sie von uns?"

Gewöhnliche Antwort: „Ich wünsche mir eine anspruchsvolle Aufgabe und eine vertrauensvolle Zusammenarbeit."
Kommentar: Diese Antwort ist viel zu brav und klingt viel zu sehr nach Einschmeichelei. Mit dieser oder ähnlichen Fragen wie zum Beispiel „Was reizt Sie an der ausgeschriebenen Position?" oder „Was erhoffen Sie sich von unserer Firma?" will Ihr Gesprächspartner noch einmal prüfen, ob Ihre Einschätzung realistisch ist. Da diese Frage in der Regel gegen Ende des Interviews gestellt wird, können Sie die Gelegenheit auch nutzen und selbst die eine oder andere Frage, zum Beispiel über den praktizierten Führungsstil oder die gelebte Unternehmenskultur, stellen.
Außergewöhnliche Antwort: „Das ist eine gute Frage ... Sagen wir es einmal so: Für eine gute Zusammenarbeit ist kontinuierliches Feedback wichtig. Gerade in der Einarbeitungsphase kommt es für mich darauf an, zu wissen, ob ich auf dem richtigen Weg bin. Können Sie mir bei dieser Gelegenheit schon etwas über meinen direkten Vorgesetzten sagen?"

To do **Ihre Antwort:**

____

____

____

„Welche Führungsqualifikation zeichnen insbesondere ältere Mitarbeiter aus?"

Gewöhnliche Antwort: „Ältere Führungskräfte haben mehr Erfahrung und sind oft geduldiger. Sie wissen, dass Rom nicht an einem Tag erbaut wurde."

Kommentar: Antworten Sie neutral und machen Sie keine Unterschiede bei der Beschreibung des Führungsverhaltens jüngerer und älterer Chefs. Nur das Alter macht noch keinen guten Chef aus. Hier können Sie nicht punkten, indem Sie Ihre langjährige Berufserfahrung aus der Praxis, Ihre Motivation, Ihr Einfühlungsvermögen oder Ihre Entscheidungsfähigkeit hervorheben.

Außergewöhnliche Antwort: „Erfolgreiche Führung ist nicht abhängig vom Lebensalter. Voraussetzung ist die Fähigkeit, Ziele zu definieren, Mitarbeiter entsprechend ihren Fähigkeiten einzusetzen, zu fördern sowie den Arbeitsbereich und die Aufgabenstellung optimal zu strukturieren. Ich glaube aber auch, dass noch zwei weitere Punkte große Beachtung verdienen: Kontrolle und Feedback. Das setzt meiner Meinung nach viel Erfahrung voraus. Nur dann kann man in sich ändernden Situationen wirklich angemessen entscheiden und dementsprechend handeln."

To do

Ihre Antwort:

____

____

____

„Wie halten Sie sich fachlich auf dem Laufenden?"

Gewöhnliche Antwort: „Ich besuche Messen und Fachvorträge und bilde mich natürlich durch Seminare regelmäßig weiter. Das habe ich in der Vergangenheit so gemacht und möchte ich auch in Zukunft so halten. Schließlich ist Weiterbildungsresistenz ja einer der größten Karrierekiller."

Kommentar: Weiterbildung ist ein wichtiges Thema, das ist unbestritten. Unbestritten ist aber auch, dass Weiterbildung Zeit und Geld kostet. Bei vielen Personalern läuten die Alarmglocken, wenn Sie den Eindruck gewinnen, dass ihr neuer Mitarbeiter demnächst nur in Sachen Weiterbildung auf Achse ist. Sie werden eingestellt, um den Job zu machen. Weiterbildung wird da oft als notwendiges Übel angesehen. Sie müssen nun den Spagat hinbekommen und deutlich machen, dass Weiterbildung auch ohne große Belastung für die Firma möglich ist.
Außergewöhnliche Antwort: „In unserer Branche ist ständige Weiterbildung natürlich sehr wichtig. In der Vergangenheit habe ich oft Hörbücher oder Audioseminare mit Kollegen getauscht und diese dann während der Anreise zu einem Kundentermin oder auf dem Weg zur Arbeit gehört. In meiner letzten Position habe ich etwas ganz Neues eingeführt: Jeder Mitarbeiter, der von einem Seminar zurückkam, musste seinen Kollegen in einem 20-minütigen Vortrag einen kurzen Überblick über das Gelernte geben. Sie glauben gar nicht, wie sich das Wissen dann festsetzt. Können Sie sich vorstellen, dass man so etwas auch hier in der Abteilung einführen könnte? Man lernt Neues und spart dabei noch Zeit und Geld."

To do

Ihre Antwort:

____

____

____

„Welchen Erfahrungshintergrund bringen Sie mit?"

Gewöhnliche Antwort: „Wie Sie ja meinen Bewerbungsunterlagen entnehmen können, habe ich acht Jahre praktische Vertriebserfahrung und war immer in mittelständischen Unternehmen tätig. Ich kenne also den Fachhandel und weiß wirklich, wie der Hase läuft."

Kommentar: Erklären Sie Ihrem Gesprächspartner nicht, was er ohne Weiteres Ihren Unterlagen entnehmen kann. Das kann schnell als arrogant oder belehrend empfunden werden. Als Bewerber befinden Sie sich oft in einem Minenfeld: Erfahrung ist gut und wichtig, aber es darf auch nicht zu viel sein. Schnell sagt man Ihnen dann nämlich nach, dass Ihr hohes Maß an Erfahrung mittlerweile zu Betriebsblindheit geführt hat und dass Sie wahrscheinlich für das Neue nicht mehr sonderlich aufgeschlossen sind. Stellen Sie Ihre Erfahrung als Chance dar und finden Sie einen Bezug zu Ihrem neuen Aufgabengebiet. Acht Jahre Berufserfahrung sagen noch lange nichts über die Qualität und Relevanz der Erfahrung aus.

Außergewöhnliche Antwort: „Ich war acht Jahre im Vertrieb tätig und habe dort den Fachhandel wirklich kennengelernt – mit allen Höhen und Tiefen. Ich weiß heute, dass der Fachhandel Wert auf Beständigkeit und persönliche Kontakte legt. Hier kommt es einfach darauf an, dass man sich kennt. Als Neuer tut man sich da schwer. Wichtig ist mir, dass ich nach wie vor über sehr gute Kontakte zum Handel verfüge und dass ich mich dort jederzeit wieder sehen lassen kann. Wenn ich Sie richtig verstanden habe, ist das ja ein wichtiger Punkt für Sie in der Ausschreibung der zu besetzenden Position gewesen, richtig?“

To do

Ihre Antwort:

____

____

____

Fragen zu Arbeitskonditionen

„Was wollen Sie verdienen?"

Gewöhnliche Antwort: „Ich habe mich erkundigt und üblicherweise bewegt sich das Gehalt für diese Position zwischen 35.000 und 45.000 Euro pro Jahr."

Kommentar: Der Spruch „Über Geld spricht man nicht" gilt bestimmt nicht für das Vorstellungsgespräch. Wichtig ist, dass Sie nicht nur ein paar Zahlen in den Raum stellen und dann abwarten, wie der Personaler darauf reagiert. Hier geben Sie einen sehr groben und großzügigen Gehaltsrahmen an. Was machen Sie, wenn der Interviewer sich dann an der niedrigsten Zahl orientiert? Mit dieser Antwort verbauen Sie sich sämtliche Verhandlungsmöglichkeiten und ein „Nachschlag" nach oben ist ausgeschlossen. Wir empfehlen Ihnen eine klare Ansage und eine konkrete Gehaltsforderung! Untermauern Sie Ihre Vorstellungen, indem Sie die verantwortungsvolle Position wiederholen, die das Gehalt rechtfertigt, und machen Sie deutlich, dass Sie sich an den Anforderungen gern messen lassen. Die außergewöhnliche Antwort passt im Übrigen auf nahezu jede Frage zum Gehaltswunsch. Wichtig ist, dass Sie nicht im ersten Satz eine Summe nennen und danach in Schweigen verfallen. Führen Sie stattdessen zuerst aus, welche Anforderungen und Aufgaben mit der Stelle einhergehen und dass Sie bereit sind, sich an Ihren Gehaltsansprüchen messen zu lassen.

Außergewöhnliche Antwort: „Ich habe mir im Vorfeld viele Gedanken über die Anforderungen an diese Stelle gemacht. Jetzt, da wir sehr ausführlich über die Aufgaben gesprochen haben, habe ich ein noch klareres Bild gewonnen und ich bin sicher, dass ich den Anforderungen gewachsen bin. Meine Gehaltsvorstellung liegt zwischen 52.000 und 56.000 Euro pro Jahr. Ich weiß, dass das viel Geld ist. Ich bin aber auch bereit, mich daran messen zu lassen."

To do

Ihre Antwort:

____

____

____

Fragen des Bewerbers

„Haben Sie zum Abschluss noch Fragen?"

Gewöhnliche Antwort: „Nein, eigentlich nicht. Alle meine Fragen wurden im Gespräch bereits beantwortet." Oder: „Ich habe bereits für den Sommer meinen Jahresurlaub geplant, denken Sie, dass es da Schwierigkeiten geben kann?"

Kommentar: An dieser Stelle zeigt sich häufig, ob ein Kandidat gut vorbereitet ist und wirklich Interesse an der ausgeschriebenen Stelle hat oder nicht. Merken Sie sich einfach folgende Regel: Der erste Eindruck ist entscheidend, der letzte Eindruck bleibt. Diese Frage ist eine Chance! Jetzt können Sie noch einmal zusammenfassen und Schwerpunkte setzen. Wie soll Ihr Gesprächspartner Sie in Erinnerung behalten? Als jemand, der erst einmal seinen Urlaubsanspruch klärt oder nach Weiterbildungsmöglichkeiten fragt? Wohl eher nicht. Machen Sie deutlich, dass Sie ein motivierter und kompetenter Bewerber sind.

Außergewöhnliche Antwort: „Ich hatte im Vorfeld eine ganze Menge Fragen, aber die meisten wurden bereits von Ihnen beantwortet oder haben sich im Gespräch geklärt. Mir war zum Beispiel wichtig, zu erfahren, in welcher Form Sie sich die Einarbeitung vorstellen. Sie haben ja ausführlich dargestellt, dass die Einarbeitung durch den ausscheidenden Mitarbeiter erfolgt und ich deshalb vom ersten Tag an einen konkreten Ansprechpartner haben werde. Darf ich bei dieser Gelegenheit eine ganz praktische Frage stellen?

Besteht die Möglichkeit, dass ich mir den neuen Arbeitsplatz einmal kurz anschaue?“

To do

Ihre Antwort:

____

____

____

7 Vorstellungsgespräch statt Vorstellungsverhör

Manchmal ist die Frage wichtiger als die Antwort.
Plato

Um mit Plato zu sprechen, ist die Frage dann wichtiger als die Antwort, wenn Sie an der Reihe sind, Fragen zu stellen. Viele Bewerber empfinden diese Phase in einem Vorstellungsgespräch als lästig und fühlen sich ausgeliefert. Diese Sichtweise ist nicht hilfreich und Sie sollten schnell noch einmal darüber nachdenken: Die Einladung zu einem Vorstellungsgespräch ist ein Meilenstein in jedem Bewerbungsprozess. Jetzt haben Sie die Gelegenheit, sich selbst in Ihrem besten Licht darzustellen, und können durch wohlüberlegte Fragen und Antworten den Grundstein für einen erfolgreichen Gesprächsverlauf legen. Beteiligen Sie sich aktiv an dem Gespräch und platzieren Sie die Argumente für Ihre Einstellung an der richtigen Stelle.

Leider verkommen Vorstellungsgespräche häufig regelrecht zu einer Art Vorstellungsverhör. Einer stellt die Fragen und der andere antwortet. Wir erwarten von einem guten Bewerber, dass er weiß, was in dem ausgeschriebenen Job verlangt wird, welchen Beitrag er dazu leisten kann, und dass er folglich als selbstbewusster Gesprächspartner auftritt. Dies bedeutet auch, dass Sie ein Gespräch mitlenken können und sich nicht bloß in eine Verhörsituation begeben. Spätestens wenn Sie am Ende des Interviews gefragt werden, ob Sie noch Fragen haben, sollten Sie ein paar Fragestellungen hervorzaubern können.

Wer sich in einem Vorstellungsgespräch nicht nur ausfragen lässt, sondern seinerseits mit intelligenten Fragen aufwarten kann, hinterlässt einen positiven, da selbstbewussten und selbstverantwortlichen Eindruck. In diesem Zusammenhang werden Personalentscheider in Vorstellungsgesprächen immer wieder überrascht: Viele Kandidaten haben erschreckend wenige Fragen zu ihrem künftigen Arbeitsumfeld. Erstaunlich ist, wie viele Bewerber sich um einen Arbeitsplatz bemühen, ohne sich über den zukünftigen Arbeitgeber informiert zu haben. Was der Bewerber als vornehme Zurückhaltung empfindet, weckt beim Personaler das Gefühl von Desinteresse am Unternehmen. Schlimmstenfalls entsteht der Eindruck, dass der Bewerber einfach irgendwo unterkommen möchte und irgendeinen Job in irgendeinem Unternehmen braucht. Aber wer möchte schon das Gefühl haben, austauschbar zu sein? Niemand, weder Bewerber noch Arbeitgeber. Noch dazu ist fraglich, ob der Kandidat nach den ersten Arbeitstagen womöglich entmutigt den Rückzug antritt, weil alles ganz anders ist, als er es sich vorgestellt hat …

„Wer sich gründlich vorbereitet und eigene Fragen stellt, erweist sich auch im späteren Joballtag als starker Mitarbeiter“, so die Erfahrung der meisten Personalchefs. Während der Bewerber also denkt, das Vorstellungsgespräch sei angesichts der letzten Fragen so gut wie beendet, geht es für den Personaler noch einmal richtig zur Sache.

Um sich nicht Fragen aus den Fingern saugen zu müssen, „nur um irgendetwas gefragt zu haben“, sollten Sie sich auch auf diesen Moment vorbereiten. Den eigenen Fragen schenken Sie idealerweise genauso viel Vorbereitungszeit und Aufmerksamkeit wie den Fragen des Personalers, die Sie beantworten.

Nehmen Sie Notizen mit in das Gespräch. Darin sind Ihre wichtigsten Eckpunkte vermerkt, seien es Stichworte für die Beantwortung von Standardfragen, die Auflistung Ihrer wesentlichen Stärken und natürlich Ihre eigenen Fragen. Achten Sie darauf, dass Ihre Notizen ordentlich aussehen und nicht den Eindruck machen, Sie hätten sie erst Minuten vor dem Gespräch auf einen Schmierzettel geschrieben.

Fragen Sie Ihren Gesprächspartner, ob es in Ordnung ist, wenn Sie sich während des Gesprächs ein paar Notizen machen. Übrigens: In vielen Unternehmen werden dem Bewerber ein Schreibblock und Stift zur Verfügung gestellt. Sie sehen daran also, dass Notizen durchaus üblich und erwünscht sind. Da Sie im Gespräch den Blickkontakt zu Ihrem Gegenüber nicht abreißen lassen sollten, notieren Sie sich nur kurze Stichworte und keine Romane. Nehmen Sie bei Ihren Fragen Bezug auf künftige Arbeitsinhalte, Unternehmensziele und organisatorische Aspekte. Stellen Sie Ihr Engagement, Ihr Know-how, Ihre Motivation und Ihren Leistungswillen unter Beweis, indem Sie Fragen nach Karrierechancen, Aufstiegsmöglichkeiten, Weiterbildungsangeboten, Zuständigkeiten sowie zur Organisation und Hierarchie, zu Arbeitsabläufen oder zur Ausstattung Ihres Arbeitsplatzes stellen.

Fragen stellen

„Wenn ich nur die richtige Frage wüsste … wenn ich nur die richtige Frage wüsste …“, sagte einst Albert Einstein. Ähnlich ergeht es vielen Kandidaten im Vorstellungsgespräch, die spätestens gegen Ende des Interviews eigene Fragen stellen können und sollen. Dank Ihrer Notizen während des Gesprächs können Sie auf einige Punkte zurückkommen, die von Ihrem Gegenüber erwähnt wurden. Dadurch signalisieren Sie Aufmerksamkeit und Interesse. Anbei einige Vorschläge:

z.B.

Fragen zum Unternehmen

- ❑ In welchem Bereich sehen Sie das größte Wachstumspotenzial?
- ❑ Inwiefern ist der demografische Wandel für Sie ein Thema?
- ❑ Worin besteht Ihrer Meinung nach die größte Herausforderung der kommenden Jahre?

Fragen zur Stelle und zum Arbeitsplatz

- ❑ Wer wäre mein unmittelbarer Vorgesetzter?
- ❑ Was ist in der Position aus Ihrer Sicht das Allerwichtigste?
- ❑ Das Aufgabengebiet ist ja recht komplex, was mir gut gefällt. Wie ist das Mischungsverhältnis der einzelnen Aufgaben?
- ❑ Was genau umfasst das Aufgabengebiet?
- ❑ Wurde die Stelle neu geschaffen und wie ist sie im Organigramm positioniert?
- ❑ Wie groß ist das Team und wie setzt es sich zusammen?
- ❑ Wie ist die Mischung aus Einzel- und Teamarbeit?
- ❑ Wie oft und von wem bekäme ich Feedback?
- ❑ Wo sehen Sie für die Abteilung die größten Entwicklungschancen?
- ❑ Welche Qualifikationen haben die Kollegen?
- ❑ Welche Anforderungen stellen Sie an neue Mitarbeiter?
- ❑ Besteht die Möglichkeit, mir in einem Rundgang den Arbeitsplatz kurz zu zeigen?
- ❑ Welche Gestaltungsmöglichkeiten hätte ich?
- ❑ Wie sieht ein normaler Arbeitstag aus?

Fragen zu Entwicklungsmöglichkeiten

- ❑ Wie und wo erfolgt die Einarbeitungsphase?
- ❑ Welche langfristigen Entwicklungsmöglichkeiten ergeben sich aus der Position?
- ❑ In welchem Umfang gibt es betriebliche Fort- und Weiterbildungsmöglichkeiten?
- ❑ In welchen Abständen erfolgen die Mitarbeiterbeurteilungen, aus denen deutlich wird, wie man eingeschätzt wird und welche Entwicklungsmöglichkeiten bestehen?

Fragen Sie niemals unaufgefordert nach Gehalt, Urlaub, Sozialleistungen, Arbeitszeitregelung, Überstundenabgeltung, Altersversorgung, Betriebsrat, Firmenfahrzeug, Spesenvergütung, Personalrabatt und Vergünstigungen etc. Zwar sind diese Fragen nicht unberechtigt, aber der Zeitpunkt ist nicht der passende. Derart detaillierte Fragen haben erst im zweiten Vorstellungsgespräch ihre Berechtigung, wenn es darum geht, ein konkretes Angebot zu besprechen. Zum jetzigen Zeitpunkt haben Sie noch kein Angebot,

sondern kämpfen darum, in die engere Auswahl zu kommen. Jetzt kommt es darauf an, zu zeigen, was Sie für das Unternehmen tun können – und nicht, herauszufinden, was das Unternehmen für Sie tun wird.
Fragen Sie auch niemals, wie Sie sich im Vorstellungsgespräch geschlagen haben. Die Frage „War ich gut? Wie habe ich abgeschnitten?“ ist tabu. Ein selbstsicherer Kandidat, der sich selbst reflektieren kann, weiß, ob er sich gut oder schlecht präsentiert hat, und muss seinen Gesprächspartner nicht danach fragen. Verkneifen Sie sich also die Frage nach Ihren Aussichten und Chancen auf die vakante Position. Kaum ein Vorstellungsgespräch endet mit einer solchen Entscheidung.
Zwar können Sie fragen „Wann darf ich mit einer Entscheidung rechnen?“ oder „Wann kommen wir zu einem zweiten Gespräch zusammen?“, niemals dürfen Sie Ihren Gesprächspartner aber unter Druck setzen, indem Sie zu verstehen geben, dass Sie mehrere Eisen im Feuer haben und er, wenn er zu spät dran ist, den Kürzeren zieht. Niemand lässt sich gern erpressen.

Missverständnissen begegnen

Um nicht nur an der Oberfläche eines Bewerbers zu schürfen, wollen manche Personalentscheider mit Stress-, Kontroll- oder sonstigen Fangfragen aus der Reserve locken und zu spontanen, unbedachten und unüberlegten Äußerungen verleiten.
Die meisten dieser Fangfragen verlieren glücklicherweise ihren „Schrecken“, wenn Sie sich vorab gedanklich und inhaltlich mit der Beantwortung auseinandersetzen. Standardfragen wie „Welches sind Ihre Stärken?“ oder „Warum sollten wir gerade Sie einstellen?“ beunruhigen vor allem jene Bewerber, die derartige Fragen noch nie richtig für sich selbst beantwortet haben.
Missverständnisse im Interview entstehen beispielsweise dann, wenn Sie Fragen nicht richtig interpretieren. Die Frage „Wer sind Sie?“ zielt auf Ihre Jobtauglichkeit ab und nicht auf Ihre familiären

Verhältnisse. Hier ist also keine Antwort rund um die privaten Rahmenbedingungen gefragt, sondern eine konkrete Aussage zu Ihren (Schlüssel-)Qualifikationen für den neuen Job. Nur wenn Sie sich vorher damit auseinandersetzen, wie die Frage hinter der Frage des Personalers lautet, können sie den unausgesprochenen Wissensdurst stillen.

Vage Formulierungen und Interpretationen begünstigen Missverständnisse – auf beiden Seiten: beim Bewerber und beim Personaler. Nicht jeder Interviewer ist ein Personalprofi und nicht jeder Profi verhält sich immer korrekt. Missverständnisse, Ärger und vielleicht auch eine Fehlentscheidung können die Folge sein. Beispielsweise fragen Bewerber aus Angst vor negativen Reaktionen zu oft nicht nach, obwohl sie etwas nicht wirklich verstanden haben oder unsicher sind. Der Personaler nutzt bei Unverständnis seinerseits – ob gezielt oder unwissentlich – Fangfragen, um Klarheit zu bekommen.

Um Missverständnisse zu vermeiden, verwenden Sie positive und eindeutige Formulierungen und beschreiben sich „nicht negativ". Ersparen Sie dem Interviewpartner Sätze wie zum Beispiel:

- „Auch bei größtem Zeitdruck verliere ich *nicht* die Nerven."
- „Ich scheue mich *nicht* vor schwierigen Aufgabenstellungen."
- „Ich werde *nicht* so schnell ungeduldig und gebe vor allem *nicht* auf."

Beschreiben Sie sich stattdessen positiv:

- „Auch unter Zeitdruck behalte ich die Nerven."
- „Ich schätze Herausforderungen."
- „Ich bin ausdauernd und geduldig."

Auch unzulässige Fragen können einem Missverständnis zugrunde liegen, denn nicht immer weiß der Personaler, welche Fragen nun erlaubt oder unzulässig sind. Als Bewerber befinden Sie sich in solchen Momenten in einer sehr unglücklichen Situation: Auf der einen Seite wollen oder müssen Sie auf eine Frage nicht antworten und auf der anderen Seite haben Sie auch weiterhin berechtigtes Interesse an einem konstruktiven Gesprächsklima. Ein Beispiel soll dies verdeutlichen:

z.B.

Personaler: „Engagieren Sie sich politisch?"

Antwort: „Habe ich Sie richtig verstanden, Sie haben mich gefragt, welcher politischen Richtung ich zugeneigt bin? Um die Frage besser beantworten zu können, sollte ich wissen, in welchem beruflichen Zusammenhang Sie fragen. Ich könnte dann besser auf Ihre Fragestellung eingehen."
Sie geben dem Personaler so die Gelegenheit, seine Frage zu relativieren oder sogar zurückzuziehen. Sollte Ihr Gesprächspartner aber immer noch auf die Beantwortung der Frage drängen, so sollten Sie dem souverän ein Ende setzen.

Antwort: „Ich kann keinen relevanten Zusammenhang zwischen meiner politischen Orientierung und der ausgeschriebenen Position erkennen. Wären Sie so freundlich, mir diesen Zusammenhang noch einmal aufzuzeigen? Ansonsten bin ich der Auffassung, dass wir diesen Punkt besser ausklammern sollten."

Auf (Nimmer-)Wiedersehen? Vorstellungsgespräche souverän ausklingen lassen

Statistiken zufolge wird der Bewerber aus dem letzten Gespräch häufiger eingestellt als die Kandidaten aus den vorhergehenden Interviews. Auch wenn Sie nicht der „letzte" Kandidat sind, können Sie ein paar Dinge tun, um in guter Erinnerung zu bleiben.

Verabschiedung

Seien Sie bei der Verabschiedung im Vorstellungsgespräch genauso souverän wie bei der Begrüßung. Verabschieden Sie sich mit einem festen Händedruck und einem freundlichen Lächeln von allen am

Gespräch Beteiligten und bedanken Sie sich für das Interview: „Ich danke Ihnen für das aufschlussreiche und angenehme Gespräch. Alles Gesagte hat meinen Wunsch verfestigt, in Ihrem Unternehmen zu arbeiten. Ich freue mich darauf, von Ihnen zu hören. Auf Wiedersehen."

Tipp Haben Sie mit mehreren Beteiligten gesprochen, so sollten Sie sich die jeweiligen Namen und Funktionen merken. Zum Beispiel: „Es hat mich sehr gefreut, Sie kennenzulernen, Herr Matzold. Dürfte ich vielleicht Ihre Karte bekommen?"

Dankschreiben

Nutzen Sie unbedingt jede Chance, sich von Ihren Mitbewerbern positiv abzuheben. Mit einem Dankschreiben nach dem Vorstellungsgespräch überraschen Sie den Gesprächspartner auf angenehme Art und Weise. Nach einem Vorstellungsgespräch hat nicht nur der Personalverantwortliche eine wichtige Entscheidung zu treffen. Auch Sie selbst überlegen sich noch einmal, ob das Unternehmen Sie wirklich interessiert und zu Ihnen passt. Wenn Sie weiterhin an der Arbeitsstelle interessiert sind, verfassen Sie ein Dankschreiben, das die wesentlichen Inhalte des Vorstellungsgesprächs und Ihre persönlichen Pluspunkte zusammenfasst.

Beschreiben Sie im Betreff Ihres Briefes konkret, um welches Gespräch es sich handelt und wann es stattgefunden hat, zum Beispiel: „Vorstellungsgespräch zur Mitarbeit im Bereich Kommunikation am 11.1.2008". Diese Information hilft dem Personalverantwortlichen, sich schneller zu erinnern und gegebenenfalls in seinen Unterlagen nach den genannten Schlagworten zu recherchieren.

Bedanken Sie sich zu Beginn Ihres Schreibens in einem Satz höflich für das Gespräch: „Ich danke Ihnen für das offene und interessante Gespräch vom 11. Januar 2008." Bekräftigen Sie nach dem Dank Ihr Interesse an der Arbeitsstelle. Schreiben Sie, welchen Nutzen Sie im Unternehmen stiften können und dass Sie diese Herausforderung gern annehmen. Nennen Sie Punkte aus dem Vorstellungsgespräch, die Ihnen angenehm aufgefallen sind. Sie können auch konkrete Verhaltensweisen in der Gesprächsführung oder im Führungsverhalten erwähnen: „Besonders gut gefallen haben mir Ihre Schilderung zur Umsetzung des Messeprojekts und Ihre geplante Vorgehensweise in Bezug auf die bevorstehende Teamentwicklung." Sollten bestimmte in der Stellenausschreibung geforderte Kenntnisse im Gespräch nicht so richtig zum Zuge gekommen sein, so ist im Dankschreiben der richtige Zeitpunkt dafür gekommen. Stellen Sie Ihre herausragenden Fähigkeiten schlüssig dar. Bringen Sie Ihre wesentlichen Persönlichkeitsmerkmale auf den Punkt: „Sie gewinnen mit mir einen Mitarbeiter, der mit Einsatzbereitschaft und Engagement Projekte konzipiert und umsetzt. Teamfähigkeit und Flexibilität runden mein Profil ab."

Fällt Ihnen nach dem Vorstellungsgespräch ein sinnvoller Beitrag ein, mit dem Sie an das Gespräch anknüpfen können? Fügen Sie diesen als Vorschlag dem Dankschreiben bei: „In der Anlage sende ich Ihnen einen Vorschlag, wie der Aufbau der Mitarbeiterzeitung aus meiner Sicht gestaltet werden könnte." Legen Sie dem Dankschreiben nur dann eine Idee bei, wenn Sie wirklich etwas Konstruktives zu bieten haben!

8 Personalexperten im Interview

Warum es sich lohnt, Position zu beziehen

Interview mit Andreas Butz, HR-Referent bei Ernst & Young AG

Andreas Butz ist HR-Referent in der Region Südwest bei der Ernst & Young AG Wirtschaftsprüfungs- und Steuerberatungsgesellschaft in Stuttgart und dort für die Fachbereiche Tax, Wirtschaftsrechtliche Beratung, National Office Assurance and Advisory Business Services und National Office Tax verantwortlich. Nach seiner Ausbildung zum Bankkaufmann und BWL-Studium mit dem Schwerpunkt Personal und Organisation in Berlin und Sydney ist er seit dem Jahr 2004 bei Ernst & Young tätig und betreut rund 450 Mitarbeiter. Andreas Butz schätzt, dass er jedes Jahr zirka 200 Vorstellungsgespräche mit interessanten Kandidaten führt. Zwei seiner wichtigsten Empfehlungen an alle Bewerber lauten: Bringen Sie vorbereitete Fragen mit und trauen Sie sich, bei kniffligen Fragen Position zu beziehen!

Herr Butz, wie wirft sich ein Bewerber im Vorstellungsgespräch sofort aus dem Rennen?

Wenn der Gesamteindruck nicht stimmt: Ich erwarte von einem Kandidaten beispielsweise eine gepflegte Erscheinung und Pünktlichkeit. Es entsteht kein positiver Eindruck, wenn jemand abgehetzt und verspätet zum Termin kommt. Zwar kann der Bewerber auch dann noch im Gespräch überzeugen und eingestellt werden – doch der Start hätte besser sein können. Außerdem finde ich es wichtig, dass der Bewerber sich aktiv am Gespräch beteiligt und Fragen stellt. Das entspricht auch unserem beruflichen Umfeld, in dem wir tagtäglich mit Menschen umgehen und daher dementsprechend über kommunikative Fähigkeiten verfügen müssen.

Welche Rolle spielt der erste Eindruck im Vorstellungsgespräch, der innerhalb von wenigen Sekunden entsteht?

Ich glaube, dass der erste Eindruck sehr wichtig ist. Die am Auswahlprozess beteiligten Personen machen bereits am ersten Eindruck des Kandidaten den weiteren Verlauf des Gesprächs fest und entscheiden, ob der Bewerber zum

Unternehmen passt. Ich halte es aber auch für wichtig, dass einem selbst bewusst ist, wie sehr man sich vom ersten Eindruck beeinflussen lässt. Man muss daher immer wieder überprüfen, ob sich dieser erste Eindruck im Laufe des Gesprächs bestätigt.

Wie stellen Sie im Vorstellungsgespräch fest, ob der Kandidat über soziale Kompetenzen verfügt?

Soziale Kompetenzen sind sehr wichtig – das gilt heute überall, vor allem aber in Dienstleistungsunternehmen wie Ernst & Young. Ob der Kandidat über soziale Kompetenzen verfügt, erfahre ich über bestimmte Fragen, die ich stelle: Über verhaltens- und vergangenheitsorientierte Fragen lerne ich beispielsweise die Erfahrungen mit Teamarbeit in früheren Tätigkeiten oder an der Universität kennen. Mit situativen Fragen wiederum erfahre ich zum Beispiel mehr über die Kundenorientierung des Bewerbers. Das gilt natürlich insbesondere dann, wenn der Bewerber mangels Berufserfahrung noch nicht über Erfahrungen im Umgang mit Kunden verfügt.

Wie überprüfen Sie die Glaubwürdigkeit des Kandidaten?

Durch das Hinterfragen von gemachten Aussagen lasse ich mir das Gesagte näher beschreiben und kann so die Glaubwürdigkeit besser einschätzen. Ich frage auch nach bei Dingen, die aus den Bewerbungsunterlagen ersichtlich sind, jedoch im Gegensatz zu den Aussagen im Gespräch stehen. Außerdem wäre es denkbar, Fragen zum gleichen Thema auf unterschiedliche Art und Weise zu verschiedenen Zeitpunkten im Interview zu stellen, um die Aussagen dann miteinander zu vergleichen. Letzteres wende ich persönlich aber nicht sehr häufig an.

Könnte die Frage „Welches sind Ihre Stärken und Schwächen?“ von Ihnen stammen?

Nein. Diese Frage ist mir zu plakativ und abgedroschen. Über andere Fragearten erhalte ich mehr Auskunft, da die Antworten in der Regel auch authentischer und individueller sind. Bei dieser Frage hört man eher Standardantworten aus den einschlägigen Ratgebern und diese bringen mich in meiner Entscheidungsfindung nicht weiter. Ich habe diese Frage tatsächlich nur einmal gestellt, weil der Kandidat in seinem Bewerbungsanschreiben seine Stärken expliziert herausgestellt und damit das Nachfragen nach Stärken und Verbesserungspotenzial regelrecht herausgefordert hat.

Wann werden Fragen zu Fangfragen für den Bewerber?

Zunächst einmal: Es gibt Fangfragen, zum Beispiel wenn ich den Bewerber durch eine provokante These aus der Reserve locken möchte. Fangfragen sind aber auch Fragen, die der Bewerber nicht erwartet hat und darauf also nicht vorbereitet ist. Mir fällt immer wieder auf, dass die meisten Bewerber nicht mit scharfen Thesen umgehen können, wenn sie damit überrascht werden. Nur wenige trauen sich, eine klare Meinung zu beziehen und diese schlüssig zu begründen. Die meisten Kandidaten können zwar das Für und Wider gut darlegen, beziehen aber letztlich keine eigene Position. Ich persönlich wünsche mir mehr Bewerber, die ihre Meinung offen aussprechen – und diese natürlich durch entsprechende Argumente untermauern können.

Wie läuft ein Bewerbungsprozess in Ihrem Hause ab?

Geht die Bewerbung bei uns ein, erhält der Bewerber sofort eine Eingangsbestätigung. Die Sichtung der Unterlagen und die interne Abstimmung erfolgen in der Regel innerhalb der nächsten 14 Tage, woraufhin wir versuchen, zeitnah einen Interviewtermin zu vereinbaren. Im Idealfall erhält der Bewerber vier Wochen nach dem Eingang seiner Unterlagen ein Vertragsangebot.
Wir führen in der Regel nur ein Interview mit ein bis zwei Führungskräften aus dem jeweiligen Fachbereich und einem HR-Mitarbeiter. Ein zweites Gespräch kann notwendig werden, wenn sich im Vorstellungsgespräch herausstellt, dass der Bewerber für unser Unternehmen interessant ist, jedoch stärkeres Interesse für einen anderen Fachbereich zeigt. Die Auswahl von Kandidaten für unsere Trainee-Programme erfolgt über einen Auswahltag, bei dem die Bewerber neben einem Interview auch mehrere andere Aufgaben einzeln oder in der Gruppe bearbeiten.

Wie ist Ihre persönliche Meinung zu Testverfahren wie Assessment-Center oder anderen Leistungsmessungen?

Der Aufwand für ein Assessment-Center ist sehr groß und der Bewerber kann sich dank der entsprechenden Ratgeberliteratur mittlerweile gut darauf vorbereiten. Dennoch wird es nicht gelingen, sich im Assessment-Center dauerhaft zu verstellen. Allerdings sind auch geschulte Beobachter erforderlich, welche die Bewertungen vornehmen. Ein absolutes Plus für das Assessment-Center ist, glaubt man den Untersuchungen, die hohe Validität. Gleiches gilt bei einem Intelligenztest. Letzterer hat jedoch bei unserer Zielgruppe der Bewerber keine hohe Akzeptanz und wir verzichten daher darauf. Die Durchführung eines Assessment-Centers halte ich insbesondere bei der Besetzung von Managementpositionen für angebracht. Bei Ernst & Young führen wir keine Assessment-Center durch. Letztlich kann aus meiner Sicht auch durch strukturierte Interviews eine objektive Auswahlentscheidung getroffen werden. Darüber hinaus wird ein Vorstellungsgespräch immer von einer persönlichen Note geprägt, auf die ich sehr viel Wert lege und die aus meiner Sicht auch für die Bewerber eine wichtige Entscheidungsgrundlage darstellt.

Wie suchen und finden Sie den „richtigen" Kandidaten? Auf welche Veränderungen stellen Sie sich in der Zukunft ein?

Ernst & Young ist sehr engagiert im Bereich Recruiting. Wir wollen talentierte Kandidaten frühzeitig ansprechen, für unser Unternehmen interessieren und an uns binden – beispielsweise indem wir Kooperationen mit Hochschulen und Lehrstühlen eingehen, Absolventenkongresse und Hochschulmessen besuchen, Fallstudienwettbewerbe veranstalten oder Praktika und ein Praktikantenförderprogramm anbieten.
Darüber hinaus schalten wir natürlich auch Anzeigen in Online-Jobbörsen. Stellenanzeigen in der Zeitung veröffentlichen wir dagegen in der Regel nur, wenn wir Positionen mit einem sehr speziellen Anforderungsprofil besetzen möchten. Darüber hinaus finden Sie Imageanzeigen von Ernst & Young in überregionalen Zeitungen. In der Zukunft rechnen wir mit verstärktem Online-Recruiting, wollen aber dennoch unser Engagement bei Studentenorganisationen, unsere Beteiligung bei Recruiting-Veranstaltungen und unsere Kontakte zu den Hochschulen und Lehrstühlen beibehalten beziehungsweise weiter intensivieren. Letztlich sind das auch die Dinge, die uns von Mitbewerbern abheben, über die wir uns als attraktiver Arbeitgeber bei den Studenten präsentieren und durch die wir Talente auf uns aufmerksam machen können.

Wie lautet Ihre persönliche Empfehlung, damit der Bewerber das Vorstellungsgespräch erfolgreich besteht?

Vorbereitete Fragen mitbringen! Dadurch signalisiert der Bewerber Interesse, man sieht, dass er sich gezielt vorbereitet hat und in der Lage ist, sich aktiv am Gespräch zu beteiligen. Sicher ist es auch wichtig, authentisch zu bleiben, sich so zu geben, wie man ist, und dadurch zu einer offenen Gesprächsatmosphäre beizutragen.

Warum Vorstellungsgespräche mit dem Firmengründer anders verlaufen

Interview mit Wolfgang Dietrich, geschäftsführender Gesellschafter der MID GmbH

Wolfgang Dietrich ist seit 30 Jahren im Management der IT-Branche tätig und geschäftsführender Gesellschafter der MID GmbH und der VMM Consulting GmbH. Er ist Generalbevollmächtigter des Sportförderers Ventric AG und Aufsichtsratsvorsitzender der Concept AG und der Benelus Ltd. Hongkong. In den 1980er- und 1990er-Jahren baute Wolfgang Dietrich erfolgreich ein mittelständisches Softwareunternehmen auf. Seither hat der Diplom-Betriebswirt zirka 2.000 Mitarbeiter vorausgewählt und eingestellt. Seine Trumpfkarte im Vorstellungsgespräch ist die Frage nach einem alternativen Lebensplan, weil hier „jede Fassade des Bewerbers fällt".

Wie wirft sich ein Bewerber im Vorstellungsgespräch sofort aus dem Rennen?

Ein absolutes Killerkriterium ist, wenn Dinge auf dem Papier nicht mit dem Gesagten im Gespräch übereinstimmen. Oder anders gesagt: wenn eine Diskrepanz zwischen Fakten und Aussagen besteht. Stellen Sie sich vor, dass ein Consultant in der Bewerbung seine Mobilität anpreist und im Gespräch nach Arbeitszeiten und Reisekostenordnung fragt. Das passt einfach nicht zusammen.

Natürlich gibt es dabei aber Unterschiede zwischen jungen Talenten und Berufserfahrenen. Ein Student kann noch nicht wissen, was Mobilität für einen Consultant bedeutet, und denkt womöglich „nur" an die Bereitschaft zum Umzug. Ein Berufserfahrener dagegen sollte das Stichwort „Mobilität" genauer definieren können.

Darüber hinaus muss das Gesamtbild stimmen und der Mensch authentisch sein. So spielen Kleidung und Auftreten eine entscheidende Rolle. Auch erwarte ich, dass der Bewerber das Gespräch nicht direkt an sich zieht und keine Fragen stellt, die in einem Vorstellungsgespräch nichts zu suchen haben – zum Beispiel: „Darf ich Ihre Bilanz sehen?" Ich erwarte schlicht und ergreifend einen respektvollen Umgang, der sich in den verschiedensten Dingen wie Blickkontakt, Dresscode oder Gesprächsführung niederschlägt.

Wie stellen Sie im Vorstellungsgespräch fest, ob der Kandidat über soziale Kompetenzen verfügt?

Das finde ich über verschiedene Faktoren heraus. Zum Beispiel stelle ich gern die Frage: „Warum haben Sie das Unternehmen verlassen?" Aus der Antwort kann ich so einiges lesen, zum Beispiel: Spricht jemand schlecht über seinen alten Arbeitgeber? Ist er mit seinem Chef oder den Kollegen nicht klargekommen? Auch bei der Frage nach den Hobbys erhalte ich interessante Einblicke: Singt jemand in einem Chor? Was sagt das über ihn aus? Meine Lieblingsfrage ist aber die nach einem alternativen Lebensplan: Welche berufliche Alternative gab es zur jetzigen Karriere? Was war der Traumberuf? Bei der Antwort auf diese Frage fällt jede Fassade des Bewerbers und ich kann die Dinge weiter hinterfragen.

Wie kommen eigentlich Fehlbesetzungen zustande?

Meines Erachtens aus einer Überbewertung der fachlichen Skills, die oft aus einem Druck heraus entsteht, eine Stelle schnell besetzen zu müssen. Die weichen Qualifikationen werden dann gern vernachlässigt, nur um „jemanden" zu bekommen, der den Job machen kann.

Könnte die Frage „Welches sind Ihre Stärken und Schwächen?" von Ihnen stammen?

Nein! Es gibt individuellere Möglichkeiten und Fragen, mit denen man Stärken und Schwächen herausfinden kann. Als Inhaber eines Unternehmens kann ich natürlich auch ganz andere Fragen stellen, als man das einem Personaler zubilligen würde. Ich mache dabei die Erfahrung, dass die Bewerber es als Zeichen von Wertschätzung sehen, dass ich mir Zeit für jedes Bewerbungsgespräch nehme und mir „eigene" Fragen erlaube.
Viele Bewerber fragen am Ende des Gesprächs gezielt nach einem Feedback, was ich toll finde. Stärken und Schwächen spreche ich dann als entsprechende Rückmeldung an – jeder Kandidat soll ein Gefühl dafür haben, ob wir ihm zu- oder absagen werden. Zu einem respektvollen Umgang gehört eben auch, dass man dem Bewerber bereits nach dem ersten Gespräch ein Feedback gibt und ihn nicht mit einem „Pokerface" zappeln lässt. Das gilt erst recht in den Fällen, bei denen man das Gefühl hat, dass der Kandidat ein sehr großes Interesse an der Position hat.

Man sagt, ein Firmengründer und -inhaber würde Einstellungsinterviews anders führen, als das in der klassischen Personalabteilung der Fall ist. Warum?

Für mich hat es oberste Priorität, mich um das Recruiting zu kümmern und bestehende Mitarbeiter zu coachen. Ich steige daher direkt von Anfang an in das Bewerbungsverfahren ein und glaube, dass ich einen Blick für Talente entwickelt habe. Ich kann es mir erlauben, andere Fragen zu stellen, und bin in der Lage, das Gespräch zu steuern: Denn wer als Bewerber gut ist, über Berufserfahrung verfügt und womöglich selbst schon Einstellungsinterviews geführt hat, steuert sonst im Gespräch die Personaler – und nicht umgekehrt.

Wie ist der Bewerbungsablauf in Ihren Unternehmen?

Die Personalabteilung führt eine erste Selektion der Bewerbungen durch und zeigt mir sowohl den „guten" als auch den „schlechten" Stapel. Darauf lege ich großen Wert, denn ich habe im Laufe der Zeit einen Blick für die Talente entwickelt. Beide Stapel sehe ich mir genau an und sortiere bei Bedarf auch um. Das erste Gespräch mit einem Bewerber führe ich zusammen mit der Personalabteilung. Ein zweites Gespräch führt die Personalabteilung zusammen mit der Fachabteilung. Danach entscheiden wir uns für einen Kandidaten.

Welche Vorgehensweise erwarten Sie von Ihrer Personalabteilung?

Ich erwarte von der Personalabteilung, dass sie den Bewerbungsprozess steuert. Von der Fachbereichsleitung erwarte ich, dass sie die Hard Skills kontrolliert und dadurch fachliche Mängel ausschließt.

Wann werden Fragen zu Fangfragen für den Bewerber? Wie überprüfen Sie den Wahrheitsgehalt der Antworten eines Bewerbers?

Bei fachlichen Skills ist es relativ leicht zu überprüfen, ob die angegebenen Kenntnisse tatsächlich vorhanden sind. Die Soft Skills dagegen versuche ich durch das Fragen nach Hobbys, dem alternativen Lebensplan oder Gründen für den Wechsel herauszufinden, und denke, dass ich dafür ein gutes Gefühl entwickelt habe. Ich sehe diese Fragen jedoch nicht als Fangfragen, sondern als normale Fragen, mit denen ich feststelle, ob der Bewerber „kompatibel" ist. Durch das mehrfache Nach- und Hinterfragen schließt sich irgendwann der Kreis und ich weiß, wen ich vor mir habe.

Wie lautet Ihre persönliche Meinung zu Testverfahren wie Assessment-Center oder anderen Leistungsmessungen?

Leistungsmessungen sind bei fachlichen Skills manchmal unabdingbar, zum Beispiel bei einem Programmierer. Persönlich halte ich von einem Assessment-Center, bei dem die Soft Skills gemessen werden, nicht so viel, da die Inhalte zum Teil entwürdigend sind und nicht immer respektvoll mit den Kandidaten umgegangen wird. Der Grund für die Durchführung von Assessment-Centern liegt leider oft darin, dass die Entscheider in den Personalabteilungen nicht die volle Verantwortung für ihre Auswahl übernehmen wollen und sich lieber ein Feigenblatt in Form der AC-Auswertungen holen, mit dem sie sich bei Fehlentscheidungen rechtfertigen können.
Letzteres ist ein Punkt, den ich für fatal halte. In so manchen Unternehmen ist die Fluktuationsrate in einer Abteilung ausschlaggebend für die Erfolgsbeurteilung der leitenden Mitarbeiter. Das Problem hierbei ist jedoch, dass man den Mitarbeiter dadurch zwingt, schlechte Leute zu halten, mit durchzuziehen und seinen Einstellungsfehler nicht zu korrigieren – sofern er die eigene Karriere nicht gefährden möchte.

Wie suchen und finden Sie den „richtigen" Kandidaten? Auf welche Veränderungen stellen Sie sich in der Zukunft ein?

Wir schalten Anzeigen in Online-Jobportalen und in Fachzeitschriften, haben Mitarbeiter-werben-Mitarbeiter-Programme und beauftragen Headhunter. Ad-hoc-Aktionen sind damit der Normalfall, was meines Erachtens zu kurzfristig gedacht ist.
Veränderungen in der Zukunft werden daher sein, dass sich Unternehmen ein Netzwerk aus guten Kandidaten aufbauen und sich über diese Kontakte schon fast zwangsläufig irgendwann die Frage stellt, ob man zusammenarbeiten könnte. Dann wird auch der Bewerbungsprozess ganz anders ablaufen: Man weiß ja praktisch schon alles über den anderen, weil man sich schon lange kennt!

Wie lautet Ihre persönliche Empfehlung, damit der Bewerber das Vorstellungsgespräch erfolgreich besteht?

Absolut alles tun, um authentisch zu sein! Selbst wenn es gelingt, sich kurzzeitig zu verstellen, kommt spätestens in der Probezeit doch alles raus. Und vor allem: sich nie anbiedern und zum Beispiel Lob für Dinge aussprechen, die der Bewerber aus der Entfernung noch gar nicht beurteilen kann. Der Satz „Das haben Sie in Ihrem Unternehmen ja wirklich toll gemacht!" wirkt schnell unglaubwürdig und unpassend.

Warum Schauspieler auf- und rausfliegen

Interview mit Andrea Hödebeck-Höfig, Personalleiterin der Kreissparkasse Ludwigsburg

Andrea Hödebeck-Höfig ist Personalleiterin der Kreissparkasse Ludwigsburg mit den Schwerpunkten Betreuung und Entwicklung. Nach den Studien der Germanistik und Theaterwissenschaften in Osnabrück und Frankfurt absolvierte sie eine Ausbildung zur Bankkauffrau. Nach einer anschließenden Tätigkeit als Schulungsleiterin der Deka war sie zehn Jahre lang Personalleiterin der Deutschen Bank AG mit verschiedenen Schwerpunkten wie Berufsausbildung, Recruiting, Hochschulmarketing, Weiterbildung, Changemanagement und Diversity. Seit dem Jahr 2002 ist Andrea Hödebeck-Höfig bei der Kreissparkasse Ludwigsburg tätig und schätzt, dass sie jedes Jahr zirka 100 Jobinterviews führt. Ihr wichtigster Tipp fürs Bewerbungsgespräch lautet: Authentisch bleiben – wer eine Rolle spielt, fliegt auf und raus!

Wie wirft sich ein Bewerber im Vorstellungsgespräch sofort aus dem Rennen?

Indem er sofort versucht, das Gespräch an sich zu reißen, und den Verlauf selbst bestimmen will. Das ist für mich ein absolutes K.o.-Kriterium am Anfang eines Interviews. In einem Vorstellungsgespräch sind bestimmte Rollen für alle Beteiligten vorgesehen. Im weiteren Gesprächsverlauf können sich diese natürlich drehen, getauscht werden und somit der Bewerber in eine fragende Rolle wechseln. Das gilt aber eben noch nicht zu Beginn eines Einstellungsgesprächs.

Welche Rolle spielt der erste Eindruck im Vorstellungsgespräch, der innerhalb von wenigen Sekunden entsteht?

Der erste Eindruck ist immens wichtig. In den ersten Sekunden entscheidet sich, wie sympathisch der Kandidat erscheint. Das ist natürlich auch Kriterium für die Auswahl, denn schließlich sollte der Bewerber zum Unternehmen passen. Gern möchte ich an dieser Stelle auf den Satz verweisen, dass es für den ersten Eindruck keine zweite Chance gibt. Was in der ersten Begegnung geschieht, kann nicht korrigiert, Versäumtes nicht nachgeholt werden.

Wenn jemand lächelt, einen offenen Blick hat und gut gekleidet ist, kann er eine ganz andere Wirkung entfalten, als wenn er offensichtlich pessimistisch durchs Leben geht.

Wie stellen Sie im Vorstellungsgespräch fest, ob der Kandidat über soziale Kompetenzen verfügt?

In der Regel frage ich nicht konkret nach sozialen Kompetenzen. Aber ich frage nach Situationen und Ereignissen aus dem sozialen Umfeld. Wenn jemand zum Beispiel als Motivation, bei uns zu arbeiten, den „Kontakt zu Menschen" nennt, halte ich das für eine eher nichtssagende Aussage. Ich frage dann: „Woher wissen Sie das?" und erwarte ein plastisches Beispiel, mit dem der Kandidat seine Antwort begründen kann. Habe ich einen Bewerber mit Berufserfahrung vor mir, dann kann dieser für gewöhnlich aus dem Arbeitsalltag berichten: vom Umgang mit den Kollegen, dem Chef und Kunden. Bewirbt sich dagegen jemand um einen Ausbildungsplatz, so kann er natürlich noch keine Schilderung aus dem Berufsalltag geben. Aber vielleicht war er schon Schülersprecher oder zum Beispiel Trainer einer Jugend-Tischtennisgruppe oder Ähnliches und kann dadurch entsprechende soziale Kompetenzen belegen.

Wie überprüfen Sie die Glaubwürdigkeit des Kandidaten?

Zunächst gehe ich davon aus, dass keiner bewusst die Unwahrheit sagt. Entstehen im Gespräch allerdings Unklarheiten, so frage ich natürlich nach. Sollte der Verdacht entstehen, dass jemand sich tatsächlich nicht an die Wahrheit hält, scheue ich mich auch nicht, einen früheren Arbeitgeber anzurufen und nachzufragen. Oft bekommt man dabei die Dinge zwischen den Zeilen bestätigt, auch wenn man nicht das allerletzte Detail klären kann.

Könnte die Frage „Welches sind Ihre Stärken und Schwächen?" von Ihnen stammen?

Nicht so ganz. Lieber frage ich: „Beschreiben Sie mal, was Sie gut können." Ich mache oft die Erfahrung, dass viele Bewerber Schwierigkeiten haben, zu sagen, was sie wirklich gut können. Sie trauen sich oft nicht, sich selbst zu loben. Doch wer weiß, was er kann, traut sich auch in Zukunft, also auch bei uns, etwas zu.

Wann werden Fragen zu Fangfragen für den Bewerber?

Wenn der Bewerber unlogisch argumentiert oder sich in Widersprüche verwickelt – dann werde ich immer mit einer präzisen Frage kontern. Letztlich bringt sich der Bewerber selbst in die Situation, in der ich nachfrage und ihn mit seinem eigenen Widerspruch konfrontiere. Führe ich aber eine solche Situation herbei, um den Kandidaten zu „testen", so könnte er dieses Nachfragen natürlich als Fangfrage werten.

Wie läuft ein Bewerbungsprozess in Ihrem Hause ab?

Wir sichten natürlich zunächst alle Bewerbungen und treffen eine erste Auswahl nach Papierform. Dann führen wir ein erstes Vorstellungsgespräch mit dem Fachvorgesetzten und dem Personalbetreuer. Das zweite Gespräch führen wir in der Regel mit der gleichen Besetzung plus einem weiteren Vorgesetzten oder Gruppenleiter. Im Anschluss fällt dann unsere Entscheidung. Übrigens führen wir mit allen Kandidaten den BIP (Bochumer Inventar zur berufsbezogenen Persönlichkeitsbeschreibung) durch. Darüber hinaus greifen wir auch auf Assessment-Center zurück, um die Bewerber miteinander agieren zu sehen und in für sie neuen Situationen beobachten zu können.

Wie ist Ihre persönliche Meinung zu Testverfahren wie Assessment-Center oder anderen Leistungsmessungen?

Man hat dadurch einfach bessere Vergleichsmöglichkeiten. Ein Interview ist eine Momentaufnahme. Ein Assessment-Center ermöglicht einen längeren Beobachtungszeitraum. Ich bin diesen Verfahren gegenüber sehr aufgeschlossen. Sie gehören aber definitiv in professionelle Hände und müssen sauber entwickelt, durchdacht, durchgeführt und ausgeführt werden.

Wie suchen und finden Sie den „richtigen" Kandidaten? Auf welche Veränderungen stellen Sie sich in der Zukunft ein?

Wir gehen den Weg über die klassischen Medien plus das Internet. Das heißt, wir schalten Anzeigen in Zeitungen, beauftragen Personalberatungen und greifen auf Online-Jobbörsen zurück. Ich glaube, dass in Zukunft die elektronische Form deutlich zunehmen wird. So gibt es heute bei verschiedenen Banken schon Auswahlverfahren für Auszubildende, die online und zuhause durchgeführt werden. Allerdings darf nicht vergessen werden, dass der persönliche Kontakt nicht zu ersetzen ist. Wenn wir den richtigen Kandidaten finden wollen, müssen wir ihn auch persönlich kennenlernen.

Wie lautet Ihre persönliche Empfehlung, damit der Bewerber das Vorstellungsgespräch erfolgreich besteht?

Ich möchte jedem empfehlen, authentisch zu bleiben. Wer nur eine schlecht einstudierte Rolle spielt, fliegt fast immer spätestens beim zweiten Gespräch auf und kann so im Bewerbungsprocedere nicht erfolgreich sein.

Warum wir auf Authentizität und konkrete Erwartungen setzen

Interview mit Sarah Böning und Diana Ott, Recruiterinnen bei der MHP GmbH

Die Mieschke Hofmann und Partner GmbH ist als Tochterunternehmen der Porsche AG und strategischer Partner der SAP AG mit gut 400 Mitarbeitern der führende deutsche Prozess- und IT-Berater im Automotive-Markt. Sarah Böning und Diana Ott verantworten im Mitarbeitermanagement von MHP den Bereich der Personalrekrutierung. Nach dem betriebswirtschaftlichen Hochschulstudium und gesammelten Erfahrungswerten im Bereich Human Resource Management bei Automotive-Unternehmen sind Frau Böning und Frau Ott seit 2006 bei MHP beschäftigt. Schätzungsweise führen die beiden jährlich 200 Vorstellungsgespräche.
Eine ihrer wichtigsten Empfehlungen an alle Bewerber lautet: Das A und O für ein Vorstellungsgespräch ist zum einen eine gute Vorbereitung und zum anderen Authentizität. Insbesondere sollte sich der Bewerber bewusst sein, warum er die Firma ausgewählt hat und welches seine konkreten Erwartungen sind.

Welche (vermeidbaren) Fehler machen so manche Kandidaten im Vorstellungsgespräch?

Grundlegende Ursache von vermeidbaren Fehlern in Vorstellungsgesprächen ist die oft nur ungenügende Vorbereitung der Kandidaten. Der Bewerber sollte informiert sein über das Unternehmen als solches, dessen Philosophie kennen und sich seiner eigenen Erwartungen und Ziele bewusst sein. Hilfreich ist, wenn der Bewerber im Vorfeld des Gesprächs konkrete Fragen vorbereitet, die er im Gespräch beantwortet haben möchte. Ebenso nicht zu vernachlässigen ist, sozusagen die richtigen Rahmenparameter für das persönliche Gespräch vorzubereiten, beispielsweise angemessene Kleidung zu wählen und insbesondere das Zeitmanagement einzuhalten, um pünktlich und nicht gestresst zu erscheinen.

Welche Rolle spielt der erste Eindruck?

Der erste Eindruck entsteht unserer Ansicht nach nicht erst im persönlichen Gespräch, sondern entwickelt sich bereits bei der Sichtung der Bewerbungsunterlagen wie auch bei der Koordination zur Terminvereinbarung am Telefon. Beim ersten persönlichen Kontakt lassen der Händedruck, der Dresscode und die Körperhaltung erste Mutmaßungen zur Person und zur Persönlichkeit zu: Wirkt der Kandidat eher selbstbewusst, ist er nervös oder zurückhaltend, wenn nicht gar verschüchtert?

Insgesamt halten wir den ersten Eindruck für weniger entscheidend, als oft vermutet wird. Aus Erfahrungswerten gibt es durchaus zahlreiche Bewerber, die sich erst im Laufe der Gespräche zu beeindruckenden Kandidaten entwickeln.

Wie stellen Sie im Vorstellungsgespräch fest, ob der Kandidat über soziale Kompetenzen verfügt?

Die Frage nach der sozialen Kompetenz bei Bewerbern verlangt ein bestimmtes Feingefühl und Menschenkenntnis beim Fragenden. Gewisse Angaben, die im Lebenslauf aufgeführt sind, lassen Rückschlüsse zu, ob jemand sozial kompetent ist oder auf Teamarbeit Wert legt. Wenn jemand schon über Jahre in Vereinen sehr aktiv ist, sich ehrenamtlich engagiert oder in Projekten stets eine Vermittlerrolle einnimmt, statt nur allein mit einer Ellenbogen-Mentalität nach vorn zu preschen, kann man ihm eine gewisse soziale Kompetenz unterstellen.
Diese Rückschlüsse sind im Gespräch zu evaluieren. Eine hierbei hilfreiche Fragemethodik ist die so genannte CBI-Fragetechnik: „Critical-Behaviour-Interview". Diese Methode funktioniert nach folgendem Schema: Man lässt sich eine reale Situation schildern, geht dann auf die konkrete Rolle des Kandidaten ein und hinterfragt dann, was der Kandidat getan, gesagt und gefühlt hat. Eine entsprechende Einstiegsfrage könnte beispielsweise lauten: „Gab es einst eine Projektsituation bei Ihnen, in der Ihre soziale Kompetenz entscheidend zum Erfolg beigetragen hat?" Nach mehreren detaillierten Fragen, die über das Oberflächliche hinausgehen, kristallisiert sich heraus, ob der Kandidat über eine soziale Sensibilität verfügt oder nicht.

Welche Fragen bereiten erfahrungsgemäß die größten Schwierigkeiten?

Fragen, die den Bewerber erfahrungsgemäß am häufigsten ins Stocken geraten lassen, sind tendenziell Fragen, die seine Person beziehungsweise seinen Charakter betreffen, und weniger die Fragen zu seiner fachlichen Kompetenz. Fragen zum Fachgebiet des Kandidaten werden meist versiert und selbstsicher beantwortet, während relativ einfache Fragen wie „Was zeichnet für Sie eine erfolgreiche Teamarbeit aus?" oder „Warum würden Sie sich für unser Unternehmen entscheiden?" verunsichern. Auch hierbei ist die richtige Vorbereitung entscheidend!

Wie überprüfen Sie den Wahrheitsgehalt der Antworten eines Bewerbers?

Den Wahrheitsgehalt der Antworten von Bewerbern zu überprüfen ist die schwierigste Angelegenheit für die Recruiter. Es gibt durchaus Kandidaten, die sind in Vorstellungsgesprächen mittlerweile so routiniert und erfahren, dass sie die entsprechenden Hausaufgaben in der Vorbereitung umfassend gemacht haben. Umso herausfordernder ist es, herauszubekommen, inwieweit der Bewerber sich authentisch zeigt und nicht „auswendig Gelerntes" wiedergibt.
Die bereits dargestellte CBI-Fragetechnik dient unterstützend, um die Plausibilität der Antworten zu überprüfen. Durch das mehrmalige Hinterfragen an einem Fallbeispiel ermitteln wir die persönliche oder fachliche Eignung. Wir lassen uns Situationen schildern, in denen zu ermittelnde Verhaltenseigenschaften gezeigt wurden.

Wann werden Fragen zu Fangfragen für den Bewerber?

Auch hierbei kommt die umfassende Vorbereitung zum Tragen – bei mangelnder Vorarbeit kann so manche Frage plötzlich zur Fangfrage werden. Die klassische Frage nach dem „Warum" – „Warum stellt MHP für Sie den idealen nächsten Karriereschritt dar?" – soll dem potenziellen Arbeitgeber verdeutlichen, ob ein Commitment für die Firma besteht, ob der Bewerber die Philosophie richtig verstanden hat und ob er sich damit auch identifizieren könnte. Diese Frage geht über rein oberflächliche Schilderungen weit hinaus.
Bei Hochschulabsolventen, die sich bei uns für einen Einstieg als Junior Consultants bewerben, fragen wir stets gern nach dem klassischen „Warum möchten Sie unbedingt in der Beratung beginnen statt bei einem Endanwender?". Zu evaluieren ist hierbei, ob der Kandidat sich wirklich bewusst ist, was dieser Unterschied für ihn letztlich im „daily business" bedeutet. Oft kennen Junioren sozusagen nur die Sonnenseiten eines Beraterlebens: abwechslungsreiche Projekte, ständig wechselnde Kundenanforderungen, steile Lernkurve und Karrieremöglichkeiten etc. Dass das aber auch mitunter verbunden ist mit „Ich bin dort, wo auch mein Kunde ist", wird oft nicht in der Intensität gesehen.

Wie läuft ein Bewerbungsprozess in Ihrem Hause ab?

Nach Sichtung und Prüfung der Bewerbungen seitens des Mitarbeitermanagements und der Fachbereiche gehen wir zum nächsten Schritt über und lernen die Kandidaten kennen. Je nach Terminkonstellation und Verfügbarkeit der Gesprächspartner führt der Fachbereich oftmals zunächst ein telefonisches Gespräch mit den interessanten Kandidaten. Es gibt ausgewählte und durch Trainings speziell ausgebildete Recruiting-Verantwortliche bei MHP. Diese spiegeln unseren Exzellenz-Gedanken im Recruiting-Prozess wider.

Verläuft das erste telefonische Kennenlernen erfolgreich, so laden wir zum ersten persönlichen Gespräch ein – um auch die Philosophie von MHP möglichst gut zu transportieren. In diesem Gespräch sehen wir im ersten Part seitens des Mitarbeitermanagements zirka eine Stunde vor, in dem wir unser Unternehmen und unseren Beratungsansatz aufzeigen, die Unternehmensstruktur darstellen, Erwartungen der Bewerber einholen und Rahmenbedingungen wie Gehaltsvorstellungen oder Reisebereitschaft besprechen. In einem zweiten fachlichen Part mit den Recruiting-Verantwortlichen aus dem Fachbereich klopfen wir, mit ebenfalls zirka einer Stunde, insbesondere die Fachkompetenz ab, aber auch die soziale Kompetenz und die Einschätzung, ob der Kandidat in das bestehende Team passt. Im Anschluss an dieses Gespräch besprechen wir gemeinsam mit den Fachkollegen, ob für den Kandidaten die ideale Einsatzmöglichkeit besteht. Vereinzelt und individuell zugeschnitten führen wir auch Case Studies oder Eigenpräsentationen durch, welche die Kandidaten bei entsprechender Vorbereitung in der Regel sehr gut meistern und für uns das Gesamtbild abrunden.

Warum empfinden viele Bewerber das Vorstellungsgespräch als Rendezvous mit der Angst? Wie gehen Sie damit um?

Unserer Ansicht nach empfinden Bewerber die Gespräche oftmals als Rendezvous mit der Angst, weil sie nicht wissen, was auf sie zukommt, was von ihnen verlangt wird: Erwartet sie ein Stressinterview, eine Case Study, ein Assessment-Center oder etwas ganz anderes? An dieser Stelle ist jedem Bewerber zu empfehlen, im Vorfeld nachzufragen, wie das Gespräch aufgebaut sein wird, um sich entsprechend vorbereiten und darauf einstellen zu können.
Auf der anderen Seite sind die Gesprächspartner der Personalabteilungen recht routiniert – Vorstellungsgespräche gehören zur täglichen Agenda. Der Bewerber dagegen empfindet das Gespräch oft als einmalige, unumgängliche Chance, sich der Firma geeignet zu präsentieren. Es hilft, sich bewusst zu machen, dass es sich um ein gegenseitiges Kennenlernen handelt: Der Bewerber sollte nicht nur „ausgefragt" werden, sondern sich auch ein Bild vom potenziellen neuen Arbeitgeber machen können. Bei einem heute bestehenden Bewerbermarkt, in der bei MHP tätigen Nische, ist es auch wichtig, den Bewerber für sich begeistern zu können.
Mit zunehmender Seniorität der Kandidaten erwarten wir tendenziell ein gelasseneres und insgesamt professionelleres Auftreten: Ein Senior Manager beispielsweise, der beim Vorstellungsgespräch das große Nervenflattern bekommt, wirft die folgerichtige Frage auf, inwieweit er den späteren Projektanforderungen gewachsen sein wird.
Die Nervosität zu nehmen oder zumindest zu reduzieren versuchen wir, indem wir je nach Einzelfall den Smalltalk ausdehnen, um zunächst einen Draht zu dem Kandidaten aufbauen zu können.

Wie suchen und finden Sie den „richtigen" Kandidaten? Auf welche Veränderungen stellen Sie sich in der Zukunft ein?

Wir nutzen mehrere Wege der Rekrutierung, um den für MHP passenden Kandidaten zu finden: über Stellenanzeigen auf unserer Homepage, im Porsche Job Locator, in branchenspezifischen Online-Jobbörsen, über die Kooperation mit ausgewählten Personalberatungen und das intensive Mitarbeiter-Empfehlungsprogramm, über ein strategisches Hochschulmarketingkonzept bis hin zu virtuellen Netzwerken in entsprechenden Online-Portalen. Die letztere Variante gibt uns die Möglichkeit, individuell mit viel versprechenden Kandidaten langfristig in Kontakt zu treten – eine Form des „Talent Relationship Managements".
In Zukunft werden wir immer mehr abkommen von eher klassischen Medien wie Anzeigenschaltung in Tageszeitungen und mehr auf Individuelles – Interaktivität und Kreativität – setzen.

Wodurch hebt sich ein Bewerber in positiver Art und Weise von durchschnittlichen Mitbewerbern ab?

Sich vom Durchschnitt abzuheben geht nur bedingt anhand eines Patentrezeptes: Wie schon einige Male angesprochen, ist auch hierzu eine gute Vorbereitung unerlässlich. Sich abzuheben kann heißen:

- gute Insider-Informationen und aktuelle Berichte über das Unternehmen zu haben,
- im Gespräch selbst aktiv zu werden: zum Beispiel technische Abläufe am Flip-Chart oder auf einem Block zu demonstrieren,
- kein reines Frage-Antwort-Spiel zu gestalten, sondern vielmehr in einen Dialog zu treten,
- am Ende des Gesprächs eine kurze Zusammenfassung des Besprochenen geben zu können.

Natürlich sind das nur einige Beispiele aus Erfahrungen, die subjektiv zu sehen sind und nicht in jeder Situation zum gewünschten Erfolg führen. Wir halten sie aber für dienlich, um in positiver Erinnerung zu bleiben. Außerdem: Entscheidend ist, sich „authentisch" zu zeigen – also keine Maske aufzusetzen!

9 Im Überblick: Die wichtigsten (Fang-)Fragen

Wenn du eine weise Antwort verlangst, musst du vernünftig fragen.
Johann Wolfgang von Goethe

- ❑ Warum sollten wir gerade Sie einstellen? (Seite 92)
- ❑ Warum interessieren Sie sich besonders für die (...) Branche? (Seite 94)
- ❑ Warum wollen Sie das Unternehmen, bei dem Sie derzeit arbeiten, verlassen? (Seite 94)
- ❑ Was spricht gegen Ihre Bewerbung? (Seite 96)
- ❑ Warum möchten Sie gerade in unserem Unternehmen arbeiten? (Seite 97)
- ❑ Haben Sie sich auch bei anderen Unternehmen beworben? (Seite 98)
- ❑ Wie stehen Sie zu Überstunden? (Seite 99)
- ❑ Ich hoffe, Ihre Partnerin hat keine Einwände, wenn Sie regelmäßig einige Wochen auf Geschäftsreise sind? (Seite 100)
- ❑ Was motiviert Sie? (Seite 101)
- ❑ Wodurch ist Ihr Leistungsanspruch gekennzeichnet? (Seite 102)
- ❑ Auf welche Leistungen sind Sie richtig stolz? (Seite 103)
- ❑ Warum haben Sie so lange studiert? (Seite 104)
- ❑ Warum sind Sie trotz Ihrer Qualifikation zurzeit ohne feste Anstellung? (Seite 105)
- ❑ Wie sah Ihr Tag in der Zeit Ihrer sechsmonatigen Arbeitslosigkeit aus? (Seite 106)
- ❑ Die dreimonatige Lücke zwischen Ihrer letzten und Ihrer derzeitigen Tätigkeit haben Sie im Lebenslauf „Weltreise" genannt? (Seite 107)

- ❑ Was gefällt Ihnen an Ihrem derzeitigen Arbeitsplatz nicht? (Seite 108)
- ❑ Was stört Sie an Ihrem derzeitigen Vorgesetzten beziehungsweise an Ihren Kollegen? (Seite 109)
- ❑ Man munkelt, dass Ihr derzeitiger Arbeitgeber wirtschaftliche Schwierigkeiten hat? (Seite 110)
- ❑ Sie waren die letzten zehn Jahre im gleichen Unternehmen in der gleiche Position als ... beschäftigt. Warum? (Seite 111)
- ❑ Aus welchen Gründen halten Sie sich für den besseren ... als Ihre Kollegen? (Seite 112)
- ❑ Was war der Grund dafür, dass Sie Ihre letzte Stelle verloren haben? (Seite 113)
- ❑ Erzählen Sie uns doch mal etwas über sich. (Seite 114)
- ❑ Wie verbringen Sie Ihre Freizeit? (Seite 115)
- ❑ Welches Buch haben Sie zuletzt gelesen? (Seite 117)
- ❑ Trauen Sie sich in Ihrem Alter diese Position zu? (Seite 118)
- ❑ Wie belastbar sind Sie? (Seite 118)
- ❑ Wir sind ein Nichtraucherbüro, haben Sie damit ein Problem? (Seite 120)
- ❑ Wie gehen Sie mit Kritik um? (Seite 120)
- ❑ Erzählen Sie doch mal von Ihren Schwächen. (Seite 122)
- ❑ Was würde mir Ihr Lebenspartner antworten, wenn ich ihn nach Ihren Schwächen fragen würde? (Seite 123)
- ❑ Sie sind anscheinend sehr temperamentvoll. Geht Ihr Temperament manchmal mit Ihnen durch? (Seite 124)
- ❑ Welches war die schwierigste Entscheidung Ihres bisherigen Lebens? (Seite 125)
- ❑ Sind Sie teamfähig? (Seite 126)
- ❑ Wo wollen Sie in fünf Jahren stehen? (Seite 127)
- ❑ Was erwarten Sie von uns? (Seite 128)
- ❑ Welche Führungsqualitäten zeichnen insbesondere ältere Mitarbeiter aus? (Seite 129)
- ❑ Wie halten Sie sich fachlich auf dem Laufenden? (Seite 129)
- ❑ Welchen Erfahrungshintergrund bringen Sie mit? (Seite 130)
- ❑ Was wollen Sie verdienen? (Seite 132)
- ❑ Haben Sie zum Abschluss noch Fragen? (Seite 133)

Literaturverzeichnis

Birkenbihl, Vera F.: *Fragetechnik … schnell trainiert*, mvgVerlag 2000.

Coelius, Claus: *Fit fürs Bewerbungsgespräch*, CCV 2005.

Enkelmann, Nikolaus B.: *Die Sprache des Erfolgs*, Gabler 2001.

Finlayson, Andrew: *Gute Frage! 1000 Fragen, die in jeder beruflichen Situation weiterhelfen*, Redline Wirtschaft 2005.

Gabrisch, Jochen: *Die Besten entdecken – Über 800 Fragen für erfolgreiche Auswahlgespräche mit Fach- und Führungskräften*, Personalwirtschaft 2007.

Kühnhanss, Christoph: *Bewerben ist Werben – Die ultimativen Tipps und Tricks zu Bewerbung, Stellensuche und Selbstmanagement*, Econ 2003.

Menden, Stefan: *Das Insider-Dossier: Brainteaser im Bewerbungsgespräch*, squeaker.net 2007.

Reins, Armin: *Corporate Language – Wie Sprache über den Erfolg oder Misserfolg von Marken und Unternehmen entscheidet*, Hermann Schmidt 2006.

Schuler, Heinz: *Das Einstellungsinterview*, Hogrefe 2002.

von der Linde, Boris/von der Heyde, Anke: *Psychologie für Führungskräfte*, Haufe 2003.

Wage, Jan L.: *Psychologie und Technik des Verkaufsgesprächs*, Moderne Industrie 1991.

Wirth, Bernhard P.: *Alles über Menschenkenntnis, Charakterkunde und Körpersprache*, mvgVerlag 2000.

Yate, Martin John: *Das erfolgreiche Bewerbungsgespräch – Die härtesten Fragen, die besten Antworten*, Campus 2001.

Stichwortverzeichnis

Über die Autoren

Carolin Lüdemann ist Juristin und ausgebildeter Business-Coach. Als Karriereexpertin tritt sie in Funk und Fernsehen auf und schreibt Fachbeiträge für verschiedene Zeitungen. An ihren Trainings und Vorträgen nehmen Nachwuchsführungskräfte und Manager aus Industrie, Beratung und Verbänden teil.
Heiko Lüdemann ist seit mehr als zehn Jahren im Bereich Training tätig und hat sich auf die Themen Selbstmanagement, Führung und Verkauf spezialisiert. Er gründete 1995 das Karrierenetzwerk CoachAcademy. Hier werden jährlich mehr als 2.000 Frauen und Männer in ihrer persönlichen und beruflichen Entwicklung beraten, trainiert und gecoacht.

Mehr Informationen finden Sie im Internet unter:

www.coachacademy.de